WILDLIFE
ANATOMY

野生动物解剖笔记

[美]朱莉娅·罗斯曼　著

吴昊昊　译

CIS K 湖南科学技术出版社·长沙

本书献给

喜欢羊驼（以及所有其他动物）的朋友们

目 录

第四章
社会网络 / 115

第五章
构筑巢穴 / 143

第六章
那些怪诞而奇妙的动物 / 163

引 言

从1997年起，我的姐姐杰西卡·罗斯曼博士一直在非洲乌干达的森林中从事灵长类动物的研究。她主要关注森林猴和山地大猩猩如何通过与环境的互动来满足其营养需求。

如今，她已经是纽约城市大学亨特学院的教授，同时致力于向学生们传授关于灵长类动物的宝贵知识。每年，她一半时间在纽约教书，另一半时间则选择在乌干达的小屋度过，那里也是其他研究野生动物科学家的聚集之地。有时，当我给她打电话时，她还会与我分享狒狒在前廊上嬉戏的有趣场景。

我姐姐在乌干达的房子

我的姐姐杰西卡

她在做研究
时拍的照片

除了对灵长类动物的研究，杰西卡的项目还专注于保护工作和培训。为此，她与乌干达野生动物管理局（Uganda Wildlife Authority）和马凯雷雷大学（Makerere University）建立了紧密的合作关系。几个月前，她向我引荐了两名极具潜力的学生，并告诉我他们急需资助以完成硕士学位。我深感荣幸，能够帮助他们继续他们的学术追求。

"我将用我所有的预付版税来帮助这两个学生。"

因此，购买这本书的你也为他们的学业提供了支持！

努苏拉·萨拉·纳姆卡萨

"在大学期间，我有幸在乌干达的一个大型保护区进行了一项关于犀牛摄食的研究。我怀揣着成为犀牛专家的梦想，全身心投入这项研究中。因此，学校的每个人都亲切地叫我'犀牛妈妈'。在那次研究中，我深入了解了犀牛的行为和它们常吃的草本植物，这些知识不仅趣味十足，更激发了我进一步探索的热情。如今，我渴望更深入地探究犀牛选择这些植物作为食物的原因，并收集更多关于犀牛营养摄入的信息，例如它们摄取的蛋白质和矿物质等。这些信息将为犀牛重新回归野外提供重要的参考依据。"

南杜图·埃丝特

"在乌干达野生动物保护教育中心（Uganda Wildlife Conservation Education Centre）工作的四年里，我一直担任动物管理员的职位，并痴迷于长颈鹿。目前，我正在攻读动物学硕士学位，希望将来能够成为一名研究员。我的长远目标是深入了解长颈鹿的饮食习惯以及它们如何满足自身的营养需求。同时，我也非常关注气候变化对长颈鹿栖息地食物的影响。"

朱莉娅·罗斯曼

亲爱的读者，你们的每一次阅读，都是对我创作的最大肯定。我深知，没有你们的支持和鼓励，我无法将这本书呈现得如此生动和有趣。在未来的日子里，我将继续我的科普写作之旅，带领你们走进更多未知的世界。我希望我的作品能够持续激发你们对自然的好奇心，引领你们探索这个奇妙的世界。期待在未来的作品中，再次与你们相遇。

第一章

世界各地

万物组成生态系统

生态系统是由一定范围或区域内相互依存、相互制约的生物（包括动物、植物、微生物等）以及当地的自然环境（包括天气和地形等）共同构成的复杂系统。

生态系统真是无处不在：它们隐藏在小小的潮池里，也存在于城市的公园中，不仅在地底下，还在高高的树冠上。甚至，它们还跨越了广阔的土地，比如撒哈拉沙漠，还有南美洲的雨林。

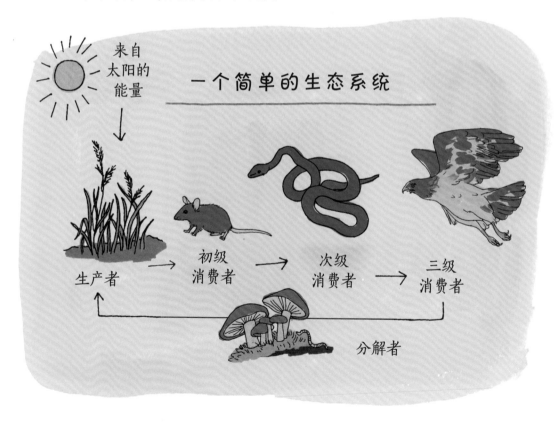

来自太阳的能量

一个简单的生态系统

生产者 → 初级消费者 → 次级消费者 → 三级消费者

分解者

东美花鼠

落叶林

落叶林四季分明，冬季寒冷，夏季温暖。年降水量为500～1000毫米。落叶林主要分布在北半球的温带地区，例如美国东部、加拿大、中国和日本等地。

肥沃的土壤孕育了各种各样的植物，其中阔叶树占主导地位，而灌木和其他低矮植物则构成了森林的第二层。在森林的地面上，苔藓、地衣、野花、蕨类植物和其他小型植物繁茂生长，为森林增添了勃勃生机。

这些种类繁多的植物为昆虫、鸟类和哺乳动物等多种动物提供了食物和栖息地。此外，爬行动物和两栖动物在此也很常见。

赤狐

大蟾蜍

9

雨 林

....

雨林通过神奇的水循环系统，塑造出独特气候。白天，水分从茂密的植被中蒸发升腾，逐渐凝聚成云朵，最终化作甘霖洒落。无论是温带雨林还是热带雨林，它们都拥有茂盛的植被和高大的树木，为无数动植物提供了一个生机勃勃的家园。

温带雨林

主要分布在沿海地区，气候湿润凉爽，年降水量充沛，每年可获得2500~5000毫米的雨水。世界上最大的温带雨林绵延了4000千米，从北加利福尼亚州一直延伸到阿拉斯加。

陆巨螈

热带雨林

　　位于赤道附近，这里的气候炎热潮湿，平均气温维持在24℃。得益于湿润的空气，热带雨林每年的降水量可高达2000毫米或以上。

巨嘴鸟

凤梨科植物

　　其叶片中心能收集雨水，形成独特的小型水池。这些水池自成一个生态系统，滋养着众多生物，包括细菌、昆虫、青蛙、甲壳类动物，甚至还有鸟类。

11

沙漠

仙人掌

棕曲嘴鹩鹩

沙漠地区通常具有干旱且高温的特点。这些地区的年均降水量普遍少于300毫米，但生活在这里的动植物已经适应了这种极端条件。

亚热带沙漠 炎热干燥

极 地 沙 漠 终年寒冷

沿 海 沙 漠 夏季温暖，冬季凉爽

雨 影 沙 漠 形成于山脉一侧，这些山脉阻挡了湿润空气的通过

跳鼠

撒哈拉沙漠

撒哈拉沙漠是北非的一个亚热带沙漠，也是世界上最大的热沙漠。其面积几乎与美国大陆相当。

阿塔卡马沙漠

智利沿海的阿塔卡马沙漠是地球上最干旱的地方，有时甚至数十年都不下一滴雨。

戈壁滩

戈壁滩横跨蒙古国和中国北部的广阔地区，总面积高达130万平方千米，是典型的雨影沙漠，其形成是由于水汽受到喜马拉雅山脉和青藏高原的阻隔。受气候变化和人类活动的双重影响，戈壁滩的范围正在不断向周围的草原扩张。

南极洲干谷

南极洲干谷是一种独特的岩石生态系统，其在过去的200万年间未曾有过降水记录。这里存在着一些盐度极高的冰冻湖泊，其中最大的湖泊是唐胡安池，其盐度高达惊人的40%。

13

草原

热带和温带草原上草类茂盛，树木稀少，占据了地球表面约40%的面积。这里季节分明，雨季（生长季）和旱季（休眠季）交替出现。在温带地区，降水量从500毫米到900毫米不等，而在热带地区，降水量可高达1500毫米。

在降水量较少的地区，草类可以生长到30厘米。而在降水丰富的地区，某些草类甚至可以长到惊人的2米高，同时其根系可以深入地下1~2米。

草原土壤肥沃，是许多野生动植物的乐园，同时也是全球大部分农业生产的重要基础。然而，仅有不到10%的草原得到了有效的保护。

大须芒草

头花胡枝子

柱托草光菊

紫色达利菊

三花路边青

湿地

树沼

　　树沼是一种主要生长湿生木本植物的湿地，主要存在于内陆或沿海地区。

食鱼蝮

草沼

　　草沼是一种主要生长草本植物的湿地，通常地形平坦且多水，常常靠近河口、海湾和沿海地区。

酸沼

　　酸沼常常出现在寒冷地区，通常形成于冰川侵蚀形成的洼地中。

海 洋

  北冰洋、大西洋、印度洋、太平洋和南大洋相互连通，共同构成了一个覆盖地球表面积约71%的巨大水体——海洋。海洋为地球生产了至少一半的氧气。

  海洋生态系统涵盖了海岸线、热液口、珊瑚礁、极地海域、海藻森林和红树林沼泽等多样环境。靠近陆地的海洋生态系统充满生机，而深海平原等深海区域则仅有少数适应性强的物种能够顽强生存。

大堡礁是世界上最大的生物结构体，也是一个可以从外太空看到的海洋生态系统。

脊椎动物

这些都是有脊椎的动物。

蛇类   鱼类   两栖类

变温动物

鸟类   哺乳类

恒温动物

无脊椎动物

这些动物没有脊椎。

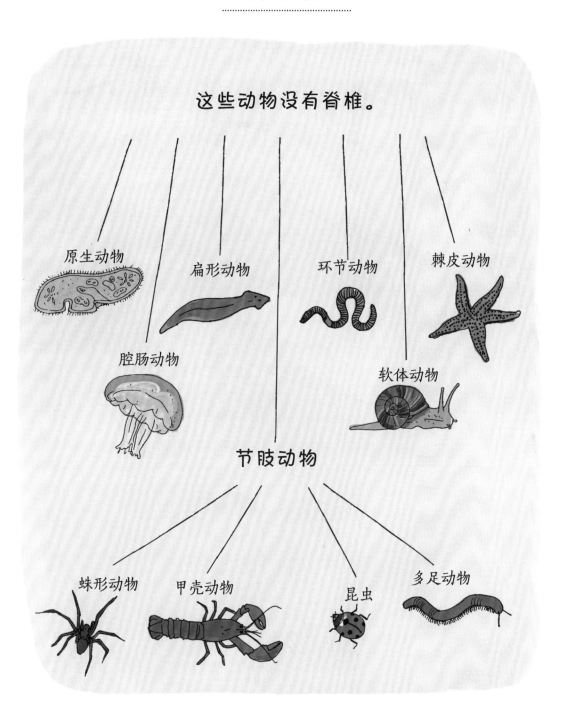

原生动物

扁形动物

环节动物

棘皮动物

腔肠动物

软体动物

节肢动物

蛛形动物　甲壳动物　昆虫　多足动物

食物网

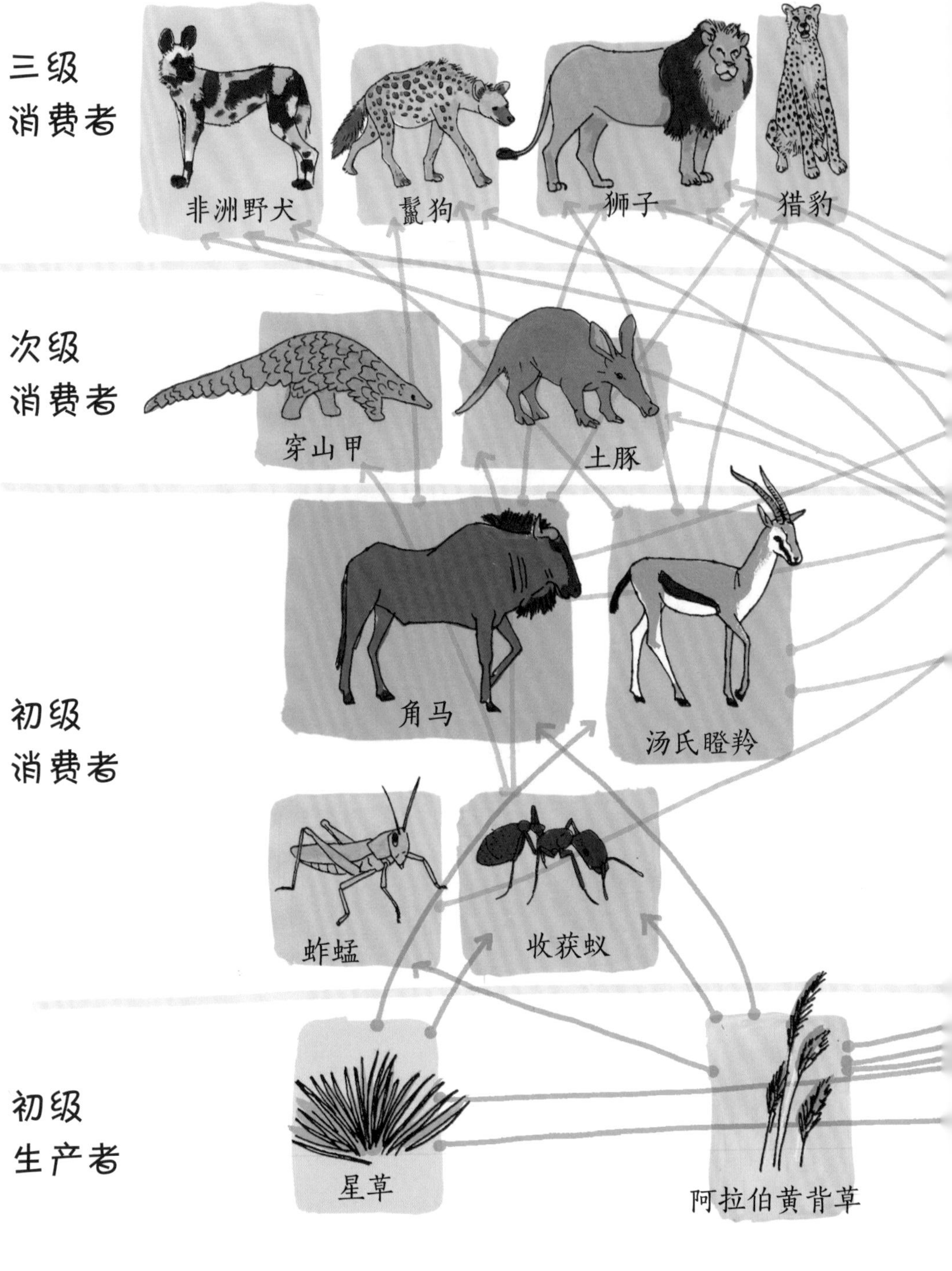

三级
消费者

非洲野犬　鬣狗　狮子　猎豹

次级
消费者

穿山甲　土豚

初级
消费者

角马　汤氏瞪羚

蚱蜢　收获蚁

初级
生产者

星草　阿拉伯黄背草

食物链描绘了生物之间直接的营养传递关系，从生产者到消费者依次相连。而食物网则更为复杂，由多个交织重叠的食物链组成，形成了一个错综复杂的营养网络。

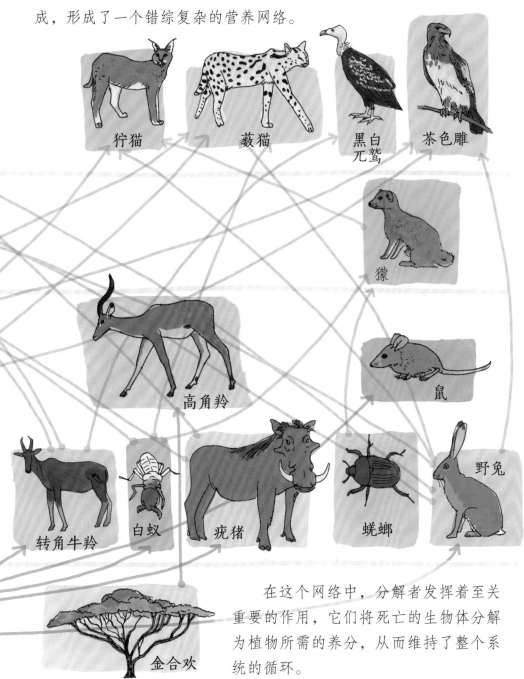

狞猫

薮猫

黑白兀鹫

茶色雕

獴

高角羚

鼠

转角牛羚

白蚁

疣猪

蜣螂

野兔

金合欢

在这个网络中，分解者发挥着至关重要的作用，它们将死亡的生物体分解为植物所需的养分，从而维持了整个系统的循环。

21

动物的食性

食草动物

主要以植物为食。一些食草动物的食物选择相当广泛，而另一些则表现出非常特殊的食物偏好。例如，树袋熊这种动物以桉树叶为食。

食果动物

主要以水果为食的动物，很多鸟类和蝙蝠都属于这一类。

食虫动物

以昆虫为主要食物来源。这一群体涵盖了鸟类、爬行动物、鱼类和哺乳动物等。

食肉动物

以其他动物为食。分布广泛的伶鼬是陆地上最小的肉食性哺乳动物，而北极熊则是陆地上最大的肉食性哺乳动物。

食碎屑动物

如蛆虫、招潮蟹和蝼蛄等，以分解动物尸体和其他残骸为生。

杂食动物

是一个庞大的群体，它们的食物来源广泛，几乎什么都吃。这种杂食性的生存策略使得动物们能够更好适应各种环境，从而增加了它们的生存机会。

通才和专才

在各种生态系统中，具备灵活生存策略的动物往往能更好地适应不断变化的环境。

在城市环境中，像老鼠、蟑螂这样一些适应性强的动物就展现出了惊人的生存能力。它们不仅食性广泛，而且能够灵活地调整自己的行为以适应城市环境。尽管人们多年来努力想要根除这些动物，但它们仍然在城市的各个角落繁衍生息，时常躲避着人类的视线。

有些动物拥有非常独特的捕食习性，甚至在同一物种中也会表现出对不同的食物偏好。例如，某些虎鲸群体只以海豹为食，而其他群体的虎鲸则主要捕食鲑鱼。当它们偏爱的猎物数量减少时，这些动物无法轻易改变饮食习惯去寻找其他可替代的食物来源。

虎鲸

海豹

奇妙的有袋类动物

动物已经通过进化发展出了无数种适应不同环境的方式。有些动物进化出了特殊的身体部位，专门用于捕猎或吸引配偶。而另一些动物则发展出了独特的繁殖方式，以便在各种环境中成功繁衍后代。

有袋类动物采用了最为独特的繁殖策略。它们的幼崽在出生时仍处于胎儿状态，随后幼崽会爬入育儿袋，在那里吮吸乳汁并继续完成余下的生长发育过程。虽然这种繁殖方式让新生幼崽面临较大风险，但这也意味着雌性动物不必消耗大量能量来携带足月的大型胎儿。

袋狸

　　有袋类动物是一个庞大的家族，全球范围内共有300多种。其中，绝大多数生活在澳大利亚和新几内亚地区。在南美洲和中美洲大约生活着100种负鼠。值得一提的是，北美负鼠是唯一一种生活在墨西哥以北的有袋类动物。

袋熊

蜜袋貂

丛林袋鼠

短尾矮袋鼠

纹袋貂

麝袋鼠

长鼻袋鼠

外来物种入侵

外来物种，即非本地物种或引入物种，是指原来在当地没有自然分布，经由引入而来的物种。这些外来物种通常在新的环境中没有天敌，且在多数情况下会肆意繁殖，从而会挤占本地物种的生存空间，甚至将其消灭。外来物种可能是在无意间随着货物运输被带到新的地方，但更多时候，它们是被人类有意引入的。

野猪

在美国35个州内共有约600万头野猪，它们每年对农业、个人财产和环境造成的损失预计高达150亿美元（约合人民币1000亿元）。

缅甸蟒

自从被对其失去兴趣的宠物主人首次遗弃到野外以来，外来的缅甸蟒在美国佛罗里达州大肆捕食中小型哺乳动物，导致这些动物数量锐减90%。

海蟾蜍

海蟾蜍原产于南美洲北部、中美洲和墨西哥。它们曾被引入世界各地,用于控制甘蔗等农作物田里的害虫。

这种大型两栖动物几乎不挑食,它们与本土两栖动物争夺有限的栖息地。在海蟾蜍的原生地,捕食者能够控制它们的数量,因为这些捕食者对海蟾蜍产生的有毒黏液具有免疫力。然而,在其他地方,尝试捕食海蟾蜍的动物往往会因此中毒身亡。

尼罗尖吻鲈

这种原产于北非的鱼于20世纪50年代被人们引入东非的维多利亚湖,目的在于促进当地渔业经济的发展。作为淡水鱼中的巨无霸,它们的体长可达到1.8米,重量可达到140千克以上。作为贪婪的捕食者和繁殖者,对当地的生态系统造成了灾难性的影响。在短短20年内,尼罗尖吻鲈消灭了至少200种其他鱼类。由于其肉质肥腻,渔民只能用熏制的方式来处理,为了满足熏鱼木材的需求,如今维多利亚湖周围的森林已经被砍伐殆尽。

第二章

尖牙和利爪

关于牙齿

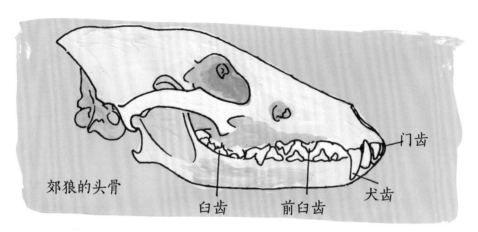

郊狼的头骨

门齿

犬齿

前臼齿

臼齿

食肉动物的牙齿

食肉动物都有专门的牙齿，这有助于它们高效捕捉、撕裂和咀嚼猎物。许多食肉动物，如鲨鱼和鳄鱼，都具备持续脱牙和换牙的能力，以确保它们的牙齿始终保持锋利。

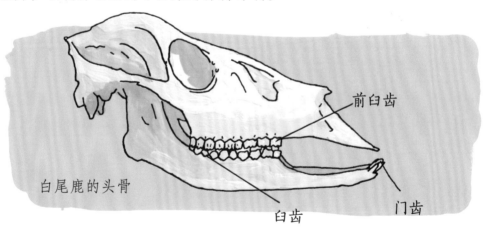

白尾鹿的头骨

前臼齿

门齿

臼齿

食草动物的牙齿

食草动物也具备特殊的牙齿结构，专为切断和咀嚼植物。由于长期啃食植物，食草动物的牙齿会逐渐磨损。为了应对这种磨损，一些啮齿动物和其他小型哺乳动物的牙齿会不断生长。

外貌似狮，食性如羚

狮尾狒是一种神奇的植食动物，以草和树叶为食，但外观却与狮子有着惊人的相似之处。雄性狮尾狒头部周围长有浓密的鬃毛，而雌雄两性都拥有簇状的尾巴和又长又尖的犬齿。

除了人类，所有其他灵长类动物都拥有发达的犬齿，这些犬齿的主要功能并非用于咀嚼食物，而是用于展示。为了显示自己很强大，雄性灵长类动物会翻起上唇，露出犹如匕首般锋利的犬齿和大部分牙龈。

狮尾狒是非洲埃塞俄比亚高原地区的特有物种。因其胸前醒目的红色斑块，常被人们形象地称为"流血的心狒狒"。

善于表达的狮尾狒生活在庞大而重叠的社会网络中。这个网络由一些较小的繁殖单元组成，而这些单元又会形成更大的社群。社群间相互交织，最终形成一个大型种群，其中可能包含上千只狮尾狒。

在同等体型下，狮尾狒拥有哺乳动物中最大的犬齿。

爪的结构解剖图

猫科动物

鞘
血线
爪

  无论是家猫还是野猫都有锋利的爪子。这些爪子可用于捕猎、防御或攀爬。与许多动物不同，猫的爪子并不是通过变长来抵消磨损，而是像洋葱一样一层一层地长来的。当爪尖磨损时，猫会刮掉外面的一层露出新的尖端，从而保持爪子的锋利和完好。

  猫科动物在休息时，爪子会依靠韧带的作用乖乖地收在里面。而当猫需要使用爪子时，它会收紧特定的肌肉来使韧带放松，这样爪子就伸展出来了。因此，严格意义上说，它们的爪子是"可伸展的"，而不是"可缩回的"。

腕垫
掌垫
指垫

犬科动物

  狗的爪子不会缩回。在爪子生长的过程中，爪尖也会因使用自然磨损，从而使爪子保持在合适的长度。

  猎豹的爪子介于这两者之间——它们可以伸出爪子，但与其他猫科动物不同，它们的爪子没有保护性的鞘。这种特殊的结构使得猎豹在奔跑时能够获得额外的抓地力。

一些巨大的爪子

角雕

角雕的爪子在12厘米以上，便于从树上捕捉猴子、树懒和负鼠。

灰熊

灰熊拥有又长又直的爪子，最长可达10厘米以上。这使它们能够轻松地捕鱼、挖掘树根、捣毁黄蜂巢，甚至能劈开腐木。

5~10厘米长

指猴

指猴，这种来自马达加斯加的独特生物，用其长长的中指在树林中敲击树木来寻找蛴螬①。当它们找到蛴螬时，会用像啮齿动物一样突出的门齿在树木上啃出一个小洞，然后将细长的中指插入其中，以拉出蛴螬。

巨犰狳

巨犰狳拥有巨大中爪，非常适合用来轻松地挖掘洞穴和撕开白蚁的蚁丘。

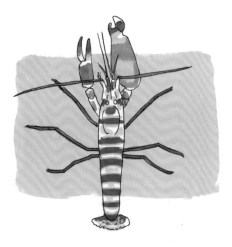

枪虾

枪虾会迅猛地叩击它们的大钳子，产生足以将附近猎物震晕的冲击波。这种闭合的力度不仅会产生尖锐的声响，而且还伴随着一道耀眼的闪光！

①蛴螬，一种金龟子的幼虫，外形乳白肥胖，常弯曲成"C"字形，多栖息在腐殖土或朽木中。

非洲雉鸻

非洲雉鸻是一种热带涉禽，它们被称为"耶稣鸟"。长长的脚趾和爪子使它们能够在漂浮的叶子上行走，方便捕食昆虫、鱼类和其他小型动物。

三趾树懒

树懒凭借它们的长爪子与强壮的前肢，能够轻松地悬挂在树枝上。然而，它们的后肢非常虚弱，几乎无法在陆地上行走。

狩猎的战术

无论是单独行动还是群体合作，许多捕食者都展现出强大的猎物追踪和突袭能力。然而，也有一些捕食者发展出了更为独特的捕食策略。

座头鲸

吹泡泡 座头鲸会围成一圈，在鱼群周围制造一圈"气泡网"，使鱼群失去方向，无法逃脱。随后，它们会向上方的鱼群游去，大口吞食那些被困的鱼群。

撒蛛网

澳大利亚的鬼面蛛利用巧妙的织网技巧捕捉昆虫。在捕猎过程中，鬼面蛛会将两条腿悬挂在头部上方，用四条前腿稳稳地托住小网。为吸引猎物，鬼面蛛会释放白色的粪便作为诱饵。一旦昆虫被诱饵吸引过来，鬼面蛛就会迅速收网，将猎物紧紧地困在网中。

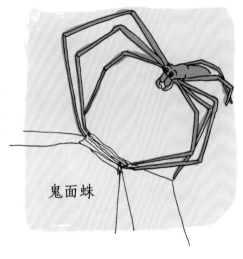

鬼面蛛

乳突蛛

扔套索

乳突蛛并不使用网来捕捉猎物，它们会编织一段蛛丝，并在末端黏附一个黏性小球。通过释放与雌性飞蛾相似的信息素，诱使雄性飞蛾靠近，然后将其捕获。

诱骗声

据观察，南美洲的一种小型野猫——长尾虎猫会模仿幼年黑白花狨的叫声，以吸引成年黑白花狨进入其攻击范围内。

长尾虎猫

用"鱼饵"

墨西哥蝮蛇是一种蝰蛇，它与其他几种蛇类有一种独特的共性，即摇摆尾巴末端，模仿虫子的动作以引诱猎物上当。

墨西哥蝮蛇

澳大利亚的一种须鲨会悠闲地摆动尾巴，以模仿鱼类的动作。

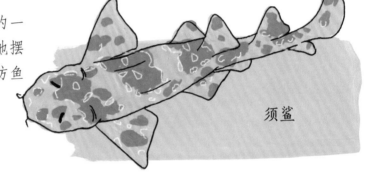

须鲨

大鳄龟

大鳄龟的口中有肉质的附属结构，它们会摆动这些附属结构来吸引猎物。

绿鹭

用诱饵　　绿鹭会巧妙地将小物品，如树枝、昆虫和面包屑等，投入水中，进而引诱鱼儿浮出水面。

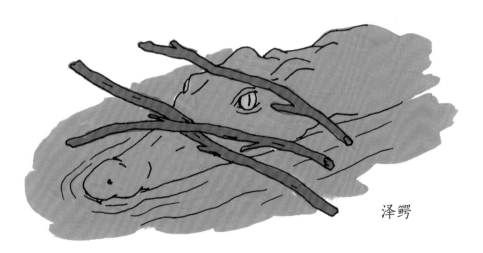

泽鳄

诱骗法　　泽鳄有时会躲藏在浅水中，用树枝遮住自己的口鼻。当寻找筑巢材料的鸟类靠近这些树枝时，泽鳄会突然发起猛烈的攻击。

狮 子

被称为"丛林之王"的狮子，其主要栖息地实际上是草原。在狮群中，雌狮承担了大部分狩猎任务，因此"草原女王"这个称号对它们而言可能更为贴切。作为唯一一种群居的大型猫科动物，狮群的规模可以从几头到四十几头不等。

在狮群中，所有的雌性都拥有血缘关系。它们几乎在同一时间生育后代，并共同承担抚养幼崽的责任。一些雌狮负责捕猎，而其他雌狮则专注于照看和保护幼崽。而雄狮呢？它们则通过咆哮来保卫狮群的领地，有时还需要面对敌对雄性的挑战。

　　尽管狮子是唯一群居捕猎的猫科动物，但它们的狩猎效率并不那么出色。狮子的最高奔跑速度可达74千米/小时，但这种速度并不能维持太久，且仅在直线奔跑时才达到。因此，在攻击猎物之前，狮子必须小心翼翼地接近目标。一旦雌狮成功捕获猎物，雄狮会首先进食，而幼崽则只能等到最后。在食物稀缺的时期，幼崽可能会因此而饿死。

狮子的吼叫声可以传到8千米之外。

狮子和鬣狗占据着几乎相同的生态位，相互之间有着激烈的竞争关系。长久以来，我们常常认为狮子是威猛的猎手，而鬣狗则是猥琐的食腐者。然而，根据研究者的最新报道，实际情况并非如此。在许多情况下，当鬣狗成功捕杀猎物后，狮子会将鬣狗赶走，并接管猎物的尸体。

曾经，狮子在非洲的大部分地区游荡，但现在它们已从其昔日94%的活动区域中消失。在过去的20年里，由于受到栖息地丧失、与人类争夺猎物、偷猎和毒害等威胁，狮子的数量锐减，减幅已经超过40%。

亚洲狮与非洲狮的对比

亚洲狮

鬃毛稀疏，短且颜色深，耳朵外露。

- 目前仅分布在印度古吉拉特邦的吉尔国家公园里
- 濒危等级为濒危——全球仅存600头左右
- 猎杀较小的猎物，斑鹿是它们主要的捕食对象

腹部有一层皮肤皱褶

尾部和肘部绒毛较为明显

狮群由1头雄狮加2~3头雌狮组成

非洲狮

鬃毛饱满而浓密，覆盖整个头部和颈部

- 主要生活在非洲的东部和南部
- 濒危等级为易危——全球仅剩不到4万头
- 猎杀较大的猎物，如斑马、角马和非洲水牛等

尾部和肘部绒毛不太明显

腹部没有皮肤皱褶

狮群通常由2头或更多的雄狮和6头及以上的雌狮组成

被误解的鬣狗

鬣狗长久以来背负着恶名，但这种具有高度社会性和聪明才智的动物应当受到更公正的评价。尽管通常被简单地视为食腐动物，但实际上无论是单独行动还是群体狩猎，鬣狗都是技艺高超的猎手。作为食腐动物，它们在生态系统中发挥着至关重要的作用，能够将猎物的每一部分都彻底消化。它们拥有强壮的大颚，能够轻松粉碎骨头，随后这些骨头会在其强酸性的胃中完成消化过程。

在非洲及亚洲的部分地区，分布着四种截然不同的鬣狗：斑鬣狗、缟鬣狗、棕鬣狗和土狼。尽管它们被称为"鬣狗"，但与犬科动物相比，它们与猫科动物的亲缘关系更近。在分类学上，鬣狗自成一科，即鬣狗科。

缟鬣狗

斑鬣狗

棕鬣狗

土狼

顶级捕食者

在众多生态系统中，食物链的顶端通常指向顶级掠食者，这类生物会捕食其他生物，而自己却几乎不受任何天敌捕食的威胁。

北极熊

•陆地上最大的食肉动物

虎鲸

•有能力捕食大白鲨

虎

•拥有所有猫科动物中最大的犬齿（8~10厘米）

金雕

•以240千米/小时的速度俯冲抓捕猎物——有时甚至能捕获比自身还要大的猎物

湾鳄

•长5~6米，重1100千克，能以近30千米的时速游泳

科莫多巨蜥

•长达3米，重达130千克。下颌有毒腺，若猎物被咬伤会中毒

"豹"字在不同地区分别指代哪些动物

豹属（*Panthera*）包括四个物种①：狮、虎、美洲豹和豹。由于地域和文化背景的差异，"豹子"这个词可以指代不同的动物。在世界上大部分地区，它们指的是豹子；而在拉丁美洲，它们通常指的是美洲豹。

狮子　　老虎

美洲豹

豹

美洲豹的花斑呈玫瑰花状，其内部还有一个小斑点。而豹的花斑内部没有额外的小斑点。

---

①根据最新的分类学研究，豹属除了狮子、老虎、美洲豹和豹之外，还包括雪豹。

在北美，"豹子"一般指美洲狮。美洲狮在分类上属于美洲狮属，严格来说和豹类一点都不相干。

历史上，美洲狮曾广泛分布于美洲大陆，但如今它们的活动范围已经大大缩小。在美国东部的大部分地区，尽管偶尔还有一些目击报告，但人们普遍认为美洲狮已经在当地绝迹。佛罗里达美洲狮是美洲狮的一个亚种，目前处于濒危状态，仅剩不到200头。

美洲狮的英文名有 mountain lion、puma、cougar、catamount等

黑豹

黑豹（通常是美洲豹或豹的变异个体）仍然带有豹的花纹。黑豹的颜色来源于皮毛中过多的黑色素或深色色素。

狮子、老虎、美洲虎和豹是极少数会发出咆哮的大型猫科动物。美洲狮则只会发出刺耳而尖锐的高鸣。

东北虎

老 虎

....

　　在老虎的六个亚种中，东北虎是体型最大的，体重超过250千克，从头到尾的长度可以达到3米。孟加拉虎的数量最多，据估计，占全球老虎数量的一半左右，体重约为200千克，体长为2.7～3米。老虎的雌性个体通常比雄性小。

白虎是孟加拉虎的一种罕见的基因变异个体。

白虎

　　不管其体色是白色还是橙色，每只老虎的条纹都是独一无二的。

老虎的脚趾间有蹼，擅长游泳，它们似乎很喜欢待在水里。

猎 豹

虽然猎豹被归类为大型猫科动物，但因其体型修长，体重往往不会超过60千克。猎豹凭借卓越的视力和无与伦比的速度（超过100千米/小时）在白天进行捕猎，这样做主要是为了避免与狮子发生竞争。

猎豹会发出多种声音，包括低吼声、喵喵声、哼唧声、呼噜声和类似鸟叫的啾啾声，但它们就是不会咆哮。

猎豹脸上的两道黑色"泪痕"可以减少阳光造成的眩光，以便它们更好地看清猎物。

其他猫科动物

薮猫
（撒哈拉以南非洲地区）

豹猫（南亚、东南
亚以及东亚）

虎猫（北美洲南部、中美洲及南美洲北部）

黑足猫
（非洲南部）

锈斑猫（斯里
兰卡、印度部
分地区）

50

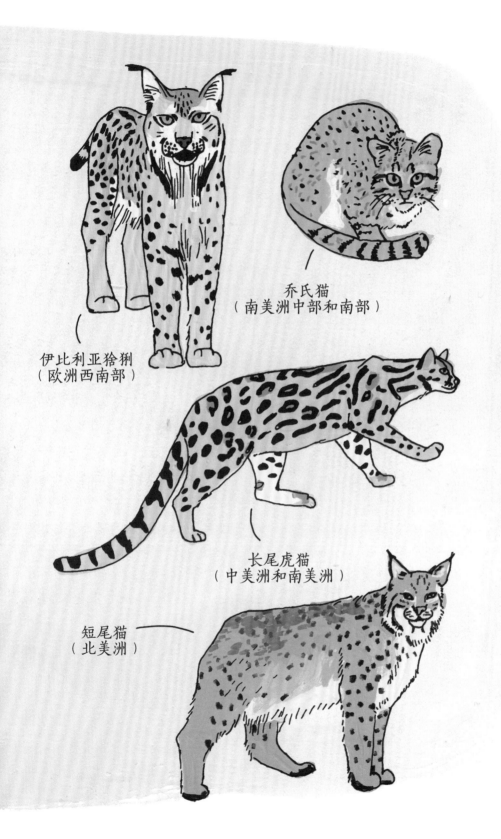

乔氏猫
（南美洲中部和南部）

伊比利亚猞猁
（欧洲西南部）

长尾虎猫
（中美洲和南美洲）

短尾猫
（北美洲）

51

细腰猫

细腰猫头平，耳小，身长，腿短，这让它们看起来有点像小水獭。它们的毛皮短而浓密，有红色和灰色两种色调，有时甚至可以在同一窝幼崽中看到这两种颜色。与其他野生猫科动物相比，细腰猫的耳朵背后没有一撮白色的毛发，因此它的耳朵颜色和身体其他部位的颜色差不多，没有很明显的对比。

细腰猫广泛分布于中美洲和南美洲。尽管它们善于攀爬，但主要还是在陆地上捕食啮齿动物、鸟类和爬行动物。与大多数野生猫科动物不同，细腰猫的活跃期主要集中在白天，而且经常成对出现。

细腰猫展现出了非凡的语言天赋，至少掌握包括咕噜声、喋喋声和啁啾声等在内的13种不同叫声。

马岛獴

这是猫科动物？犬科动物？还是鼬科动物？马岛獴虽然体形瘦长，但它们可是马达加斯加岛上的顶级掠食者，也被称为马达加斯加的"丛林之王"。作为獴和灵猫的近亲，马岛獴会捕食任何能抓到的猎物，但狐猴始终是它们的最爱。

马岛獴的全长将近1.8米，其中尾巴占据了约一半的长度。凭借其锋利的爪子提供的强大抓握力，以及长尾巴出色的平衡作用，马岛獴十分善于跳跃和攀爬。无论是在树梢间还是地面上，它们都能轻松自如地行动。

马岛獴的踝关节非常灵活，几乎可以向后翻转，这使得它们能够头朝下地爬下树。

熊科动物

北极熊

- 世界上最大的陆地捕食者
- 皮肤是黑色的，毛皮半透明，而不是白色的
- 一次可以吃掉约70千克重的食物，在接下来的几天内可以不用进食

灰熊

- 栖息于森林、苔原、山区，甚至沙漠的边缘地带
- 可以以50千米/小时的速度奔跑
- 在秋季会疯狂进食，在冬眠期间它们会消耗掉约1/3的体重

美洲黑熊

- 毛色十分多样，除了常见的黑色，还包括金色、红色和几种深浅不同的棕色
- 会发出各种声音，比如尖叫声、咕噜声，还有在心满意足时发出的"呼噜"声
- 通过在树上摩擦背部、抓咬树皮来留下气味标记

眼镜熊

- 大多是树栖的，甚至会在树上睡觉
- 主要以植物为食，尤其是凤梨科植物，但有时也会吃昆虫和其他小动物
- 每头熊都拥有独特的斑纹

大熊猫

- 能轻易嚼碎竹笋
- 充满好奇心且贪玩，喜欢翻跟头
- 有时会因为基因突变出现棕色和白色的大熊猫个体

马来熊

- 马来熊也被称为狗熊或蜜熊
- 尽管英文名叫"太阳熊"（Sun Bear），但却是夜行动物
- 善于攀爬，大部分时间都待在树上

懒熊

- 懒熊，得名于人们曾经误以为它们与树懒有亲属关系
- 主要以白蚁和蚂蚁为食，偶尔也吃一些水果
- 母熊会将幼崽背在背上，这种育幼行为在熊类中独树一帜

亚洲黑熊

- 大部分时间待在树上
- 经常站立，甚至能够以直立的姿势行走
- 也被称为"月亮熊"（Moon Bear）

貂熊不是熊

虽然貂熊看起来像一只小熊，但它们却并不属于熊科，而是鼬科中体型最大的陆生成员。鼬科家族除了貂熊外，还包括水獭、鼬和臭鼬等。作为独居动物的貂熊以凶猛的狩猎能力而著称。虽然偶尔也会摄取一些植物性食物，但只要有机会，貂熊甚至会攻击比自己大数倍的猎物。此外，貂熊也会吃腐肉，并且会在冬季通过挖洞来捕食冬眠的动物。

貂熊的牙齿和大颚强大，足以咬碎和咀嚼骨头。

体重：10～25千克　　体长：包含尾部可达80～120厘米

小貂熊刚出生时是白色的，随着它们的成长，毛色会逐渐发生变化。

以捕鱼为生的动物

渔猫

- 分布在南亚及东南亚
- 主食为鱼类，占了其食谱的3/4
- 不仅善于游泳，甚至能在水下短暂潜水
- 体型大约是家猫的两倍大

墨西哥兔唇蝠

- 生活在中美洲和南美洲
- 利用回声定位来精准探测水面附近的鱼类位置
- 俯冲而下，用带有尖锐长爪的脚爪抓住猎物
- 粪便的颜色会随着它们近期所吃食物的不同而相应发生变化：捕食鱼类时呈黑色，捕食甲壳类动物时呈红色，而进食了藻类和昆虫时呈棕色和绿色

非洲海雕

- 主要在湖泊和河口处捕猎
- 除捕食鱼类外，也捕食水禽
- 雌性翼展可达2.4米，雄性翼展可达2米

当非洲海雕捕获到一条太重而无法携带的鱼时，它们有时会将鱼丢入水中，然后利用翅膀划水将猎物推向岸边。

离开水也能捕猎的鱼类

射水鱼通过巧妙地向昆虫喷射水柱，将它们击落并捕食。而骨舌鱼则能够跃出水面高达2米，从悬垂的树枝上捕获昆虫和小鸟。

蜈蚣

骨舌鱼

渔貂不食鱼

虽然渔貂的英文名叫"渔猫"（Fisher Cat），但它们既不吃鱼，也并非猫科动物。作为鼬科家族的中型成员，渔貂生活在加拿大和美国北部。它们主要捕食野兔和其他小型动物，但遇到包括猞猁在内的大型动物时，也会毫不犹豫地发起攻击。

渔貂是少数能够经常成功猎杀豪猪的捕食者之一。在捕猎时，它们会首先攻击豪猪的头部，让其暂时晕眩，然后迅速将其翻过来，精准地撕开豪猪的腹部。

小而强大的动物

短尾鼩鼱

短尾鼩鼱是生活在北美洲的一种独特的哺乳动物，唾液含有毒素。它们以昆虫、小型蜥蜴、蝾螈、蛇和老鼠等为食。

伶鼬

伶鼬是世界上最小的食肉目动物之一，它们主要以小型啮齿动物为食，但也能捕杀比自己大很多倍的兔子。

美洲隼

美洲隼是北美最小的隼科鸟类。相比之下，主要分布于印度次大陆和东南亚地区的小隼体型更小，竟与麻雀相差无几。

捕鸟蛛的身体构造

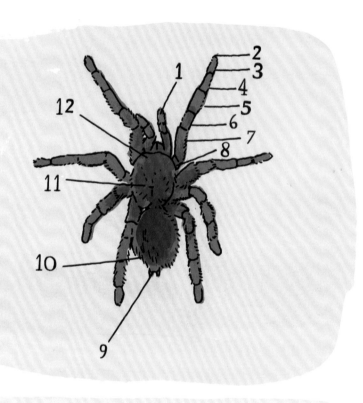

1. 触肢   7. 腿节

2. 跗爪   8. 转节

3. 跗节   9. 纺器

4. 后跗节 10. 螯毛

5. 胫节   11. 头胸甲

6. 膝节   12. 眼

大而多毛的蜘蛛

捕鸟蛛科的蜘蛛体型在蜘蛛中就像是"巨人"一样，作为世界上最大的蜘蛛，它们的身影遍布各个大陆的温暖地带。数百种形态各异的捕鸟蛛，其中大多数都原产于南美洲。

墨西哥红膝捕鸟蛛

这些夜行性的捕食者并不依赖结网来捕猎，而是采取潜行和突袭的战术，利用带有毒液的致命一咬来迅速杀死猎物。它们的食物来源广泛，无论是各种各样的昆虫，还是如老鼠、蛇和青蛙等更大的猎物，都能成为它们的盘中餐。

大多数雄蛛在完成交配后不久就会离世，而雌蛛则能享寿长达25年。雌性一次能产下多达1000枚卵，并守护这些卵6~9周，直至它们孵化。

沙漠蛛蜂是一种大型寄生蜂，它们会向捕鸟蛛体内注入毒液使其麻痹，并趁机在其体内产下一枚卵。当幼蜂在捕鸟蛛体内孵化，它们便开始蚕食仍然活着的宿主。

沙漠蛛蜂

长着大牙的大鱼

牙齿

噬人鲨（大白鲨）

噬人鲨的全长可达5米，拥有多达300颗牙齿。这些牙齿排列成行，可在其一生中不断替换。

牙齿

鼬鲨

鼬鲨的全长可达5米以上，几乎会吃任何东西，甚至包括无法消化的垃圾。

海鳝

有些种类全长可达3米以上，海鳝的咽颚上长有第二副牙齿，可用来抓住并吞下猎物。

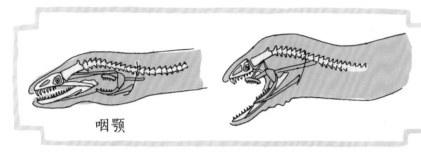

咽颚

大鳞鲆

大鳞鲆全长可达2米，它们依赖敏锐的视觉寻觅猎物，一旦发现目标，可以通过一口咬断的方式将小鱼杀死。

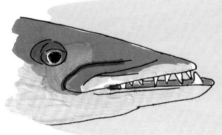

锯鳐

锯鳐全长可达6米以上，可以利用其长满锯齿的吻部探测附近猎物产生的微弱电场。

猛 禽

非洲冠雕

非洲冠雕作为非洲大陆上强大的捕食者，有能力猎杀体型超过其4倍的动物。

虎头海雕

虎头海雕主要分布在日本和俄罗斯的部分地区。这种大型鸟类的体重可达10千克，翼展可达2.5米，主要以鲑鱼为食。目前，虎头海雕的濒危等级是易危。

楔尾鹰

楔尾鹰是澳大利亚最大的猛禽，有着高超的飞行技巧，能够在不拍动翅膀的情况下连续翱翔1小时以上。

菲律宾雕

　　菲律宾雕也被称为食猿雕，这种极度濒危的鸟类仅在菲律宾的四个森林岛屿上生活。

在大多数猛禽中，雌性比雄性拥有更大的体型。

短尾雕

　　短尾雕在非洲的多个地区都有分布，其独特之处在于雄性和雌性具有不同的羽饰，可以以此区分其雌雄。

雄性　　　　　　雌性

猛雕

　　猛雕是非洲最大的猛禽，也是最强大的鸟类捕食者之一。它们是信奉机会主义的猎手，凭借超凡的视力，能够从超过5千米之处发现猎物。

猫头鹰的身体构造

　　1. **耳朵**　有些猫头鹰的耳朵位置并不对称，但能够帮助它们更准确地定位声音。

　　2. **眼睛**　呈柱状，不能在眼窝内转动，其体积可占颅骨的40%。

　　3. **面盘**　面盘周围坚硬的羽毛可以将声波引导到耳朵。

　　4. **喙**　锋利且尖锐，便于撕碎猎物。

　　5. **颈椎**　拥有14节颈椎，可使头部左右旋转270度。

　　6. **羽毛**　羽毛边缘带有流苏状的碎毛，能够减弱噪声，方便它们无声飞行（并非所有猫头鹰都具备此特征）。

　　7. **爪**　钩状的爪子用于捕捉猎物。

　　8. **对趾足**　两个脚趾朝前，两个脚趾朝后。

毛腿雕鸮

作为最大的猫头鹰之一，毛腿雕鸮的身高可达1米，翼展近2米。它们主要分布在日本和俄罗斯部分区域的溪流水域，以鱼类和蛙类为食。

眼镜鸮

眼镜鸮原产于墨西哥、中美洲和南美洲北部。因其独特的面部斑纹而得名眼镜鸮。

幼鸟呈白色，带有黑色的眼镜斑纹。成鸟则呈深色，带有白色的眼镜斑纹。

姬鸮

姬鸮身形小巧，仅与麻雀相当。这种小型的猛禽栖息在美国西南部和墨西哥的沙漠地区，以昆虫为食。

猛鸮

猛鸮是卓越的飞行者，主要以啮齿类动物为食，但也能在半空中捕食较小的鸟类。从阿拉斯加州到俄罗斯的北方森林中，都能发现它们的身影。

鳄和短吻鳄的对比

头部俯视图

鳄

- 头部较长，呈"V"字形
- 当嘴巴闭合时，第四颗牙齿会露在外面
- 颜色较浅
- 生活在淡水和咸水中
- 更具攻击性
- 世界各地都有分布

短吻鳄

头部俯视图

- 头部更宽，更偏"U"字形
- 嘴巴闭合时看不见任何牙齿
- 颜色较深
- 更适应淡水
- 不太具攻击性
- 仅在美国和中国分布①

———————————

①中华短吻鳄，即鼍（tuó），又称为扬子鳄。

70

鳄鱼是变温动物，会通过晒太阳或寻找阴凉处的方式，将其体温维持在30～33℃。在晒太阳时，鳄鱼会张开嘴巴，这一特殊行为有助于在身体其他部位吸收太阳的热量时，大脑可以保持凉爽。

致命的蜥蜴

钝尾毒蜥

钝尾毒蜥是美国本土最大的蜥蜴，也是少数几种有毒的蜥蜴之一。它们的毒牙并非可以注射毒液的管牙，而属于沟牙。捕猎时它们紧紧咬住猎物，通过沟牙上的沟槽使神经毒素流入猎物伤口。

钝尾毒蜥的体重可达2千克，全长可达60厘米，它们的尾巴可以储存脂肪，能够让它们在数月不进食的情况下依然可以维持生存。

墨西哥毒蜥

墨西哥毒蜥分布在墨西哥和危地马拉南部，其身体被细小如珠的鳞片覆盖。它们大部分时间都藏在洞穴中，仅在夜晚爬上树木，寻找鸟类、爬行动物和其他小型猎物为食。

眼斑巨蜥

眼斑巨蜥原产于澳大利亚,是独居的捕食者。它们利用长而强壮的尾巴猛击猎物,使其失去行动能力,然后咬住并甩动猎物直至其死亡,最后整只吞下。

科莫多巨蜥

科莫多巨蜥仅分布在印度尼西亚的几个岛屿上。它们食量惊人,一次可以吃下相当于其体重80%的食物。在遇到威胁或交配季节时,它们会通过呕吐来减轻体重,以便更好地逃跑或进行战斗。

秃鹫

食腐动物在生态系统中的作用至关重要。它们清理腐烂的动物残骸，有助于控制疾病的传播。在全世界范围内共有23种秃鹫，主要分布在除澳大利亚和南极洲之外的地区。

秃鹫是杰出的空中舞者，它们能够借助气流轻松地在空中翱翔数小时。凭借锐利的视力，秃鹫能够发现掠食者捕杀猎物的地方以及其他秃鹫在哪里聚集。此外，大多数秃鹫还拥有敏锐的嗅觉，这使得它们能够轻松地找到死去的动物。

皱脸秃鹫

　　皱脸秃鹫，得名于其颈部两侧独特的肉质皮肤皱褶，是非洲最大的秃鹫。然而，和其他食腐鸟类一样，它们也正面临着栖息地丧失和人类捕食的威胁。更令人担忧的是，因误食被下毒的动物尸体，这些秃鹫常常因此丧命。

红头美洲鹫

　　红头美洲鹫也被称为火鸡秃鹫。白天它们独自觅食，夜晚则聚集在大型栖息地，与30只或更多的同类相聚。它们广泛分布于美洲大陆，尤其以北美洲最为常见。红头美洲鹫会在受保护的洞穴内繁殖，雌性在洞穴地面产下卵后，雌雄双方都会参与孵卵和照顾幼雏。

王鹫

　　王鹫分布范围遍布墨西哥南部至阿根廷北部。其头部色彩鲜艳，与醒目的黑白羽毛形成鲜明对比。在寻找食物的过程中，王鹫总是率先抵达动物尸体周围。尽管它们的喙相对较弱，但它们会巧妙地等待更强壮的鸟类撕开兽皮，然后吃掉猎物的眼睛。此外，王鹫能终生繁殖。

第三章

不同的食草动物

捕食者与猎物的对比

动物眼睛的位置与其生存的策略息息相关。有句老话说："眼睛在前面，天生会捕猎；眼睛在两旁，生来会躲藏。"

捕食者

- 眼睛位于面部前方，可专注于锁定逃跑的猎物
- 瞳孔呈圆形或竖条型，用于判断景深和距离
- 更好的双眼立体视觉

猎物

- 眼间距较宽，有助于减少视野盲区
- 水平瞳孔，可以提供更清晰的全景视觉
- 随着头部上下移动，焦点也会发生变化

㺢㹢狓

- 和长颈鹿有着较近的亲缘关系
- 舌头较长，能舔到耳朵
- 以树叶、水果及草为食
- 必须将前腿跨开才能喝到地面的水

长颈羚

- 一种长脖子的羚羊
- 靠后腿站立啃食嫩叶
- 能够吃到其他羚羊和瞪羚够不到的高处嫩叶
- 仅通过进食植物来获取水分

长颈鹿的身体构造

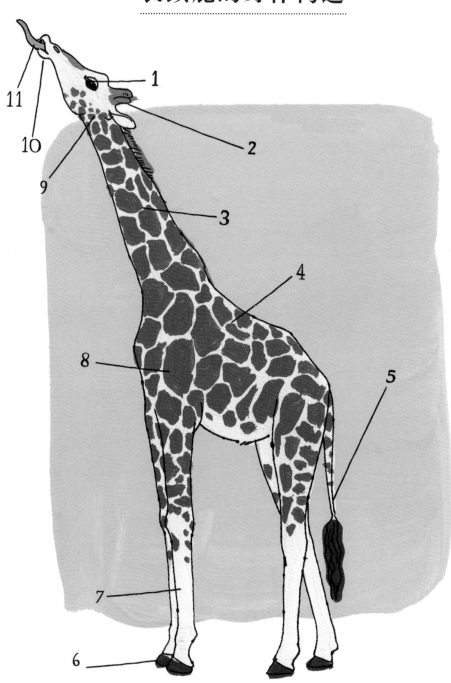

1. **眼睛** 能够同时看到脚和前方几米远的地方。

2. **皮骨角** 在雄性和雌性头顶，均长有覆盖着皮毛的角。

3. **颈部** 脖子由7块平均长度为25厘米的骨头组成，通过球窝关节相互连接，这为脖子提供了极大的灵活性。发达的韧带为颈部肌肉提供了必要的支撑。此外，特化的动脉能够调节流向头部的血液。

4. **颜色** 身体上有深色斑块，这些斑块通过密集的汗腺和血管散热。

5. **尾巴** 长而蓬松的尾巴能有效地驱赶昆虫。

6. **蹄** 蹄有二趾，直径约为30厘米。

7. **小腿** 皮肤紧绷，有助于调节血压。

8. **心脏** 重达10千克，每分钟的心跳频率为60～90次。

9. **颈部关节** 支撑头部在进食时垂直向上倾斜。

10. **唇部** 唇部活动自如且高度敏感，便于啃食树叶。

11. **舌** 舌长45厘米，呈黑色，可防止晒伤。

一只长颈鹿的孕期长达14～15个月。刚出生的小长颈鹿体重可达45～70千克，身高可达1.8米。令人惊叹的是，在出生后的短短几小时内，小长颈鹿就能比母亲跑得还快。

长颈鹿主要以金合欢的叶子为食。它们拥有灵活的45厘米长舌头和灵动的嘴唇，巧妙地从带刺的枝条中剥离出树叶。除了树叶，它们还会舔食动物的尸骨，以补充素食中无法获得的钙、磷和其他营养物质。

长颈鹿通常生活在由10～20头个体组成的群体中。成年长颈鹿除了狮子和鳄鱼外几乎没有其他自然天敌，它们最大的威胁来自人类。在人类的影响下，非洲四种长颈鹿中有两种已濒临灭绝。

长颈鹿长长的脖子在非洲平原十分显眼，成为一道亮丽的风景线。

洞 角

....

洞角由内部的骨质核心及外部包裹的角质鞘（这种角质鞘成分与指甲相同）组成，是头骨的一种永久延伸。许多牛科动物，不论雌雄，如牛、绵羊、山羊、羚羊等，都具有洞角。这些动物的洞角会随着年龄的增长而逐渐增大。

在一些雄性的前额上有一块"骨板"，
两角可通过这一结构相连。

非洲水牛

非洲水牛是非洲大陆上最具危险性的动物之一，特别是在它们感到受到威胁时。

长角羚

雌性长角羚的角通常比雄性的更长。

捻角山羊

呈螺旋形的大角可生长至超过1.5米。

黑马羚

黑马羚的学名，意为"黑色的，似山羊的马"，贴切地描述了它们的外貌特征。

跳羚

跳羚和其他一些羚羊科动物常有一种行为：四蹄离地，腾空跃起。人们称之为"四脚弹跳"。这一行为可能发生在被捕食者追捕的过程中，但也能在其日常嬉戏中见到。

羱羊

羱羊的蹄子几乎就像吸盘一样，能让这些动物轻松攀爬几乎垂直的表面，例如意大利阿尔卑斯山的辛吉诺大坝的表面就常常留下羱羊的足迹。

鹿角

....

鹿角通常是雄鹿才具有的特征，它们由软骨逐渐硬化而形成。在生长过程中，鹿角表面会覆盖一层绒毛，这层绒毛能够为鹿角的生长提供所需的血液。每年，鹿角都会脱落重生。

驼鹿

一头健康的驼鹿一天可以长出约0.5千克的鹿角。

马鹿

马鹿是第四大的鹿种，其鹿角可以长出多达15个分叉。

斑鹿

斑鹿分布于印度次大陆，不同寻常的是，它们成年后身上竟然还长着斑点。①

驯鹿

驯鹿是唯——一种雌鹿也长鹿角的鹿类。

加拿大马鹿

雄性加拿大马鹿以大声吼叫的方式来吸引配偶，这种吼叫被形象地称为"吹号"。

①多数鹿科动物的幼崽在刚出生或处于幼年时期时，身上会带有斑点，这些斑点有助于它们在自然环境中进行伪装，从而躲避捕食者。随着年龄的增长，斑点会逐渐消失。

羚羊

羚羊一词涵盖牛科中除牛、绵羊或山羊以外的其他成员。目前已知有91种羚羊，其中大部分生活在非洲。

羚羊的体型差异很大，肩高从仅0.2米到1.8米不等。作为反刍动物，羚羊会咀嚼反刍食物，并拥有多室胃来有效消化草、树叶和其他植物性食物。所有雄性羚羊都具备洞角，此外，某些羚羊物种的雌性个体也有角。

安氏林羚

雄性拥有螺旋状的长角，个头小得多的雌性则不长角。雌性和年轻的雄性身体两侧有十条以上的白色垂直条纹，但随着雄性年龄的增长，这些条纹会逐渐消失。

柯氏犬羚

柯氏犬羚是一夫一妻制动物，它们的英文名"dik-diks"来源于雌性在受威胁时发出的尖锐呼叫声。

林羚

林羚体型中等，蹄子是弯曲并且展开的，皮毛蓬松还能防水，非常适合在沼泽地区生活。

紫羚

紫羚是一种大型羚羊，拥有红褐色且带白色条纹的毛皮。它们会啃食烧焦的木头，从木炭中获取盐分和矿物质。

伊兰羚羊

雄性伊兰羚羊体重可达1吨，肩高可达1.6米，体长可达3.35米。别看它们个头大，但动作十分敏捷，能从静止状态轻松越过1.2米高的围栏。

倭岛羚

倭岛羚生活在非洲西部的茂密雨林中，别看个子小，只有2千克重，但一跳能超过2.7米，当地人因此叫它们"野兔之王"！它们的后腿比前肢长得多，这和善于跳跃的兔子十分相似。

野兔

倭岛羚

蹄的结构解剖图

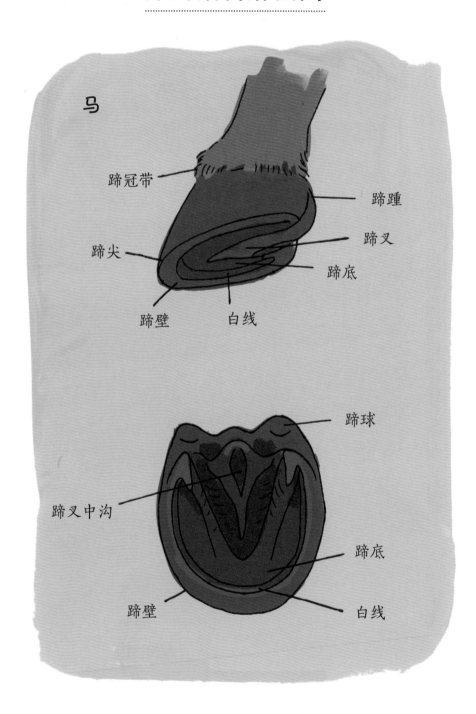

马

蹄冠带

蹄踵

蹄叉

蹄尖

蹄底

蹄壁

白线

蹄球

蹄叉中沟

蹄底

蹄壁

白线

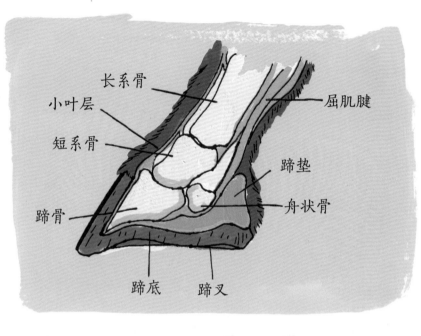

长系骨
小叶层
短系骨
屈肌腱
蹄垫
舟状骨
蹄骨
蹄底　蹄叉

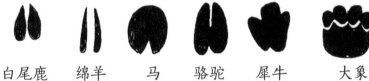

白尾鹿　绵羊　马　骆驼　犀牛　大象

有蹄哺乳动物统称为有蹄类。它们可以拥有奇数或偶数个趾，并且有硬质或柔软的蹄底。有蹄类动物的蹄与我们的手指甲和脚趾甲一样，都是由可持续生长的角蛋白构成的。

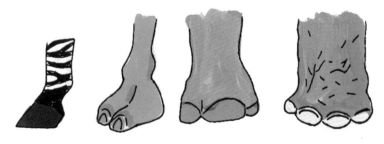

单趾（斑马）　双趾（骆驼）　三趾（犀牛）　四趾（大象）

斑马的身体构造

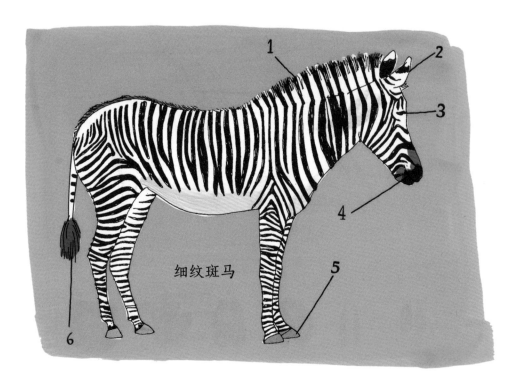

细纹斑马

1.**鬃毛**　鬃毛挺立，耳朵之间没有额发。

2.**耳朵**　耳朵大，有助于更好地捕捉周围的声音。

3.**眼睛**　眼间距较宽。此外，它们在黑暗中也能保持良好的视力。

4.**牙齿**　牙齿会在咀嚼草的过程中受到磨损，但可通过不断生长来保持适当长度。

5.**蹄**　单趾的蹄十分强壮，这让它们能以高达60千米的时速奔跑，还能有效地踢击捕食者。

6.**尾巴**　尾巴上长有流苏状的毛发，能够用于驱赶昆虫。

斑马隶属于马科，因此它们是家马的近亲。斑马主要有三种：细纹斑马、山斑马和平原斑马。每一种斑马的条纹都各具特色，而每一匹斑马的条纹都是独一无二的，就像人类的指纹一样。

平原斑马

斑马的显著特征就是它们身上醒目的白色条纹，这些条纹与黑色部分交织在一起，形成了独特的外观。不过在黑白毛发之下，斑马的皮肤底色实际是黑色的。斑马的条纹被认为具有多种功能：

伪装 一群斑马混在一起会使捕食者眼花缭乱，难以锁定单个目标。

驱虫 有斑纹的表面会让叮咬的苍蝇和其他害虫感到困惑，从而不太可能停留在其上。

热量调节 黑色毛发可以吸收热量，而白色毛发则可以反射热量。

山斑马

野马

　　美国西部和许多地方的"野马"虽然在野外生存，但却都是家马的后代。唯一真正的野马是普氏野马，原产于蒙古国大草原。

　　在20世纪初，普氏野马的数量锐减至仅剩14匹，几近灭绝。然而，经过长期的保护繁育，全球普氏野马的数量已逐渐回升，目前大约有2000匹，但仍处于濒危状态。大部分普氏野马生活在动物园里，但自1992年起，人们开始尝试将它们重新引入蒙古草原进行野外放养。

普氏野马

野驴

索马里野驴

　　索马里野驴是唯一有条纹的野驴。

亚洲野驴

亚洲野驴现存有三个亚种[1]，分布于中国、蒙古国和亚洲部分地区。

藏野驴

　　藏野驴是最大的野驴，平均肩高可达140厘米。

①译者注：亚洲野驴共有6个亚种，其中2种已灭绝。

叉角羚

叉角羚并非羚羊，而是长颈鹿的近亲。

- 叉角羚的角具有骨质性的基质，这部分不会脱落，但外部的角质部分则类似鹿角，会年年脱落
- 叉角羚是仅次于猎豹的第二快的奔跑者，能够达到90千米/小时的速度。有趣的是，它们的任何天敌都无法追上这样的速度
- 根据生活的区域不同，叉角羚有不同的迁徙模式：一些叉角羚会进行长达240千米的季节性迁徙，一些叉角羚只在需要时才会进行季节性迁徙，而还有一些则没有迁徙的习性

食草动物和食嫩叶动物的对比

食草动物包括了斑马、大象、犀牛、兔子和袋鼠等。

南白犀

植食性动物可以根据它们的食性细分为两类。一类是食嫩叶动物，它们以树叶、树皮、嫩枝、灌木和较高植物为食；另一类是食草动物，它们以草和其他低矮植物为主要食物。

食草动物和食嫩叶动物常常在同一栖息地共存，因为它们的食物来源不同，不构成食物竞争。许多食草动物和食叶动物体内都有专门的肠道细菌，有助于分解和消化它们摄入的大量纤维素和纤维。

食嫩叶动物包括了长颈鹿、山羊、鹿、羚羊、羱羊等。

汤氏瞪羚

麝 牛

麝牛的身体覆盖着厚实的双层皮毛，外层是长而粗硬的护毛，内层则是细腻的短毛。这种特殊的皮毛结构是对北极地区极寒气候的绝佳适应。每年春天，麝牛内层的绒毛会自然脱落，这些绒毛会被因纽特编织者巧妙地制作成各种服饰，如围巾、帽子和其他衣物。

在自然界中，麝牛除了面临狼和偶尔出现的熊的威胁外，几乎没有其他天敌。当麝牛群受到攻击时，它们能够迅速集结成一个紧密的圆圈，用尖锐的角指向外部，以有效地抵御外敌。同时，它们将年幼和易受攻击的个体保护在圆圈中心。

麝牛的名字来源于雄性在繁殖季节散发的独特气味。

野 牛

在英文中，虽然"野牛"和"水牛"这两个词有时候可以混用，但实际上它们是两类不同的动物，并没有太近的亲缘关系。美洲野牛和欧洲野牛都是大型草食性动物，主要生活在草原和森林地区。

它们有着浓密的皮毛和敦实的身体，非常适应严寒的冬季环境。在冬季，它们可以利用高耸的肩部和坚固的头骨，推开厚厚的积雪来寻找草料。此外，无论是雄性还是雌性，它们都长有短而弯曲的角。

曾经有数千万只野牛在北美洲和欧洲的平原和森林中漫游，但进入19世纪和20世纪后，它们的数量急剧减少。

目前，大约有30 000只美洲野牛在国家公园内得到了良好的管理和保护。除此之外，还有数千只野牛被圈养用于食用。欧洲野牛在历史上曾因过度猎杀而几乎灭绝，目前已在少数几个国家重新引入，种群数量正在逐渐恢复。

美洲野牛

欧洲野牛

尽管野牛体积庞大，但野牛的敏捷性却令人惊叹。它们能够以60千米/小时的速度奔跑，并且能够跃过1.2米高的栅栏。

非洲水牛

非洲水牛有一些与其他牛科动物不同的独特行为。例如，小牛会从母牛身后吸吮乳汁，而不是和其他牛一样在母牛身旁吮吸。

公牛的角很长，两角之间的距离最长可达1.8米。

母牛想要去哪里，它们就会朝着那个方向看。一旦有足够多的母牛都面向同一个方向，它们就会开始行动。非洲水牛是出了名的"记仇"，一旦有人或狮子攻击过它们，它们会进行报复。

关于大象的一些知识

圆筒状的象鼻由鼻子与上唇愈合而成，兼具强大的力量和极高的灵敏度。象鼻强大到可以轻松拔起一棵树，同时又能够灵敏地夹起一叶草。大象使用它们的象鼻就像人类使用双手一样灵活，不仅如此，象鼻还是大象呼吸和饮水的主要器官。饮水时，它们先把水吸到象鼻中，然后将水释放到嘴里。

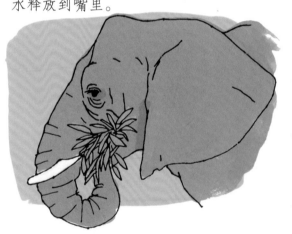

大象会根据季节的变化食用不同植物，包括青草、灌木、树叶、果实以及树皮等。由于新陈代谢活跃，大象每天需要花费16小时寻找并摄入足够的食物。

尽管大象的皮肤在一些部位可能厚达2厘米，但它们对昆虫叮咬和日晒还是非常敏感。为此，大象会选择泡水、在泥浆里打滚或往身上甩泥土等方式保护皮肤。大象的皮肤上还布满褶皱，这可以帮助它们保持水分和降温。此外，大象还会扇动耳朵来防止体温过高。

大象社会

大象群体中，通常由一位最年长的雌性大象担任族长。它凭借着丰富的记忆与生活经验，熟练地引领着整个群体寻找食物、水源以及安全的栖息地。雌性大象一般会留在群体中，而年轻的雄性大象则会在青春期时组成自己的小群体。年长的雄性大象经常长时间独自生活。为了寻找食物，各个家族群体会四处迁徙，并在某些时候与其他群体汇集成更大的象群。

大象的象牙在其一生中都在不断地生长。这些象牙对于大象来说，既是挖掘水源和食物的得力工具，又是搬运重物的有力支撑，同时还是保护自己的防御武器。除此之外，大象还拥有四颗巨大的白齿，这些白齿随着大象年龄的增长会逐渐更换，最多可替换6次。每一颗白齿都如同砖头般大小，重约2千克。

通过观察象牙的磨损情况，我们可以发现它们是"左撇子"还是"右撇子"，有的大象更习惯用右侧的象牙，而有的大象则更擅长使用左侧的象牙。

大象通过在水中洗澡，在泥里打滚或往自己身上毛泥土来保护皮肤。

非洲象和亚洲象的对比

非洲象

- 头顶较为圆滑
- 耳朵较大，形状与非洲大陆的形状相似
- 雄性和雌性都有较长的象牙
- 皮肤有较多褶皱
- 在象鼻末端处，上下各有一个鼻突
- 雌性体重可达4吨，雄性则可达7吨

亚洲象

- 头顶有两个凸起
- 耳朵更小更圆
- 仅雄性象牙外露，雌性象牙较短不外露
- 皮肤更为平滑
- 象鼻末端处仅上方有一个鼻突
- 雌性体重可达3吨，雄性体重可达5吨

大象的鼻子无疑是动物界中最具标志性的特征之一。鼻子不仅是大象呼吸的通道，还承担着进食、饮水、洗澡、降温等多种功能。此外，大象的鼻子还具备强大的抓取和移动物品能力，能够轻松地捡起树枝和其他物品。

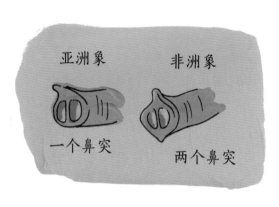

亚洲象　非洲象

一个鼻突　两个鼻突

象的"同名者"们

象鼩

象鼩，尽管它们的个头非常小，但在数千万年前却与大象有着共同的祖先，也因此与大象同属"非洲兽总目"（即由共同的非洲祖先进化而来的哺乳动物类群）。

象海豹

象海豹利用它们的大鼻子从呼出的气体中重新收集水分，这能确保它们在陆地上不会丧失太多体内水分。雄性象海豹的鼻子更大，在繁殖季节，它们还会将鼻子鼓起来发出巨大的咆哮声，以此来宣示领地或吸引雌性的注意。

象鼻鱼

象鼻鱼的吻部很长。其尾部可以发出微弱的电脉冲，帮助它们寻找食物。

河马

　　一头公河马的体重可达2吨。它们通常集群生活，白天大部分时间都待在水中，而夜晚则会上岸吃草。尽管河马看起来有些笨拙，但实际上在陆地上它们非常敏捷。此外，在水中的河马通常具有较强的攻击性，它们经常会袭击过往的船只。

河马是体型最大的陆地动物之一，与大象和犀牛齐名。

它们的下颚张开的角度能达到惊人的150度。雄性河马利用其巨大而锋利的犬齿驱赶竞争对手，这种行为常常导致严重的伤害。

河马有一种特殊的生理机制，它们不会出汗，而是通过分泌一种油性的红色液体来保持皮肤湿润、防止晒伤，并似乎也有助于预防感染。

河马在排便的时候，用它们又厚又扁的尾巴来帮助扩散排泄物，以此标记领地并建立统治地位。

麝雉

麝雉是一种独特的鸟类，以树叶为主要食物。它们利用肠道中的细菌来消化树叶，这有些类似于鹿和牛的消化方式。麝雉拥有一个巨大的双腔室嗉囊，因此它们的肌肉量较小，飞行能力也相对较差。

由于麝雉独特的消化过程，它们会散发出一种难闻的气味，因此很少被人类猎杀。

麝雉分布在亚马孙地区的季节性洪泛森林中，以群居的方式生活。它们在悬在水面上的树上筑巢，为雏鸟提供安全的庇护所。

当面临如蛇或猴子的掠食者威胁时，雏鸟会果断地跳入水中。它们天生具备游泳能力，并且出生时翅膀上带有钩状爪子，这有助于它们轻松地爬回巢中。

麝雉被戏称为"臭鸟"。

麝雉的巢

牛椋鸟和牛背鹭

··

　　蜱虫、苍蝇和其他寄生虫对许多群居动物来说是个大问题。然而牛椋鸟和牛背鹭这两种鸟类的存在，为许多动物充当起了清洁能手。

牛背鹭

　　牛背鹭会跟随成群的食草动物兽群，捕捉被蹄子扰动的蚱蜢和小型脊椎动物。它们还会从大型动物的皮毛上摘取咬人的蜱虫和苍蝇。

黄嘴牛椋鸟

　　黄嘴牛椋鸟拥有扁平的喙，可以用于梳理动物毛发，而其超长的爪子则能以任何角度攀附在动物身上。一只黄嘴牛椋鸟每天能吃掉数百只蜱虫，从而使如疣猪、长颈鹿、狮子和河马在内的多种动物受益。它们还会啄食动物耳垢，并且对血液有着特殊癖好。这导致它们经常啄食开放伤口，以保持血液流出。

大羊驼和羊驼

大羊驼和羊驼是南美本土驯养的驮畜，并因出产优质的毛料而备受珍视。随着它们被引入世界各地，如今在全球许多地区都能看到它们的身影。

一只幼年的大羊驼或羊驼被称为幼驼。

原 驼

野生的原驼和小羊驼，是家养的大羊驼和羊驼的近亲。

小羊驼

骆驼的身体构造

单峰骆驼

1. **瞬膜**　一层覆盖在眼睛上的内层薄膜，在需要时可保护眼睛。

2. **睫毛**　睫毛较长且排成两排，可防止灰尘进入眼睛。

3. **鼻孔**　在沙尘暴期间关闭，有效防止沙尘进入呼吸道，从而在极端环境下满足呼吸和取食等不同需求。

4. **唇**　嘴唇结构独特，上唇可以独立移动。

5. **足**　两个趾长在厚实、坚韧的足垫上，宽大的脚掌可以在沙地上保持稳定性。

6. **后肢**　当躺下休息时，后肢可以像手风琴一样折叠。

7. **驼峰**　并非直接储存水分，而是储存脂肪。

骆驼以各种植物为食，包括带刺的仙人掌。由于其驼峰中储存了足够的脂肪，骆驼可以在没有水源的情况下生存超过一周，甚至在没有食物的情况下也能存活数月。

与大多数哺乳动物不同，双峰骆驼能够饮用咸水。当它们口渴时，可以在短时间内饮用高达100升的水。

双峰骆驼

骆驼与长颈鹿一样，以"同手同脚"的独特步伐移动。也就是说，它们身体同一侧的前后蹄会同时迈步，而非前腿和对侧的后腿同时移动。这种高效的步伐使骆驼能够达到最高40千米/小时的持续速度。

114

第四章

社会网络

类人猿

长臂猿是体型最小的猿，与其他体型较大的同类不同，它们主要栖息在树上。它们长有细长的四肢和钩状的手指，能够在树枝间轻松摆荡，这种移动方式被称为"臂跃行动"。

白掌长臂猿

大多数长臂猿出生时是白色的，随着成长，它们的颜色逐渐发生变化。在某些种类里，雄性长臂猿的毛皮是深黑色，而雌性则呈浅黄色或棕褐色。

当长臂猿用后腿行走时，它们常常将长长的手臂举过头顶。

116

黑猩猩不仅在基因上与人类相似，它们也像我们一样，生活在复杂的社会群体中，与家人和朋友建立深厚的情感纽带，并以多种方式进行沟通。黑猩猩具有强烈的领地意识，会坚决对抗其他群体的入侵者，甚至会将其杀死。

与大猩猩相比，黑猩猩与人类的亲缘关系要更近。

除了用树枝钓白蚁和用石头砸开坚果外，黑猩猩群体还会协同合作来猎捕其他动物，如猴子和小羚羊。

倭黑猩猩仅生活在非洲中部的刚果民主共和国，它们的体型比黑猩猩体型更小，身体也更纤细。与其他灵长类动物相比，倭黑猩猩的社群结构相当独特：以合作为主，避免冲突，并且是母系社会。这种社群形态在灵长类动物中极为罕见。

红毛猩猩是独居树栖动物，它们仅生活在婆罗洲和苏门答腊岛。随着棕榈油种植园的不断扩张，森林被大规模砍伐，这使它们濒临灭绝。红毛猩猩主要以水果为食，雄性猩猩的体型大约是雌性的两倍。随着年龄的增长，一些雄性猩猩会长出被称为"肉颊"的大肉垫。雌性猩猩每8年左右生育一次，并且会照顾幼崽数年。

大猩猩分为东部大猩猩和西部大猩猩两种，每种各有两个亚种，它们都处于极度濒危的状态。这些温和的素食者生活在撒哈拉以南非洲茂密的森林中，以小家庭为单位生活，并由一名成熟的雄性领导。雄性大猩猩在大约10岁时开始长出浅色的毛发，因此又被称为"银背"。

狭鼻猴类

猕猴

赤猴

长尾叶猴

- 分布在非洲、亚洲和直布罗陀
- 既能在陆地上生活，也可以在树上栖息
- 尾巴无法抓握物体，有些物种甚至没有尾巴
- 口鼻部突出，鼻孔靠得较近
- 生活在由不同性别个体组成的群体中，雄性很少参与抚育幼仔

山魈

狒狒

阔鼻猴类

吼猴

松鼠猴

白面卷尾猴

- 分布在中美洲和南美洲
- 大多数物种主要栖息于树上
- 拥有长尾巴，部分物种的尾巴还有抓握能力
- 鼻子扁平，鼻孔相距较远
- 以家庭为单位生活，实行一夫一妻制，雌雄共同抚养幼崽

白秃猴

黑须僧面猴

白臀叶猴

　　白臀叶猴拥有华丽的装扮，有时会被称为"森林女王"或"盛装猿猴"。这是因为雄性和雌性都拥有浓密、多彩的毛皮，其中银灰色的背部和腹部与黑色的肩膀和大腿形成鲜明对比，白色的前臂和明亮的栗色"绑腿"也为它们赋予了独特魅力。

　　与之相配的栗色喉部斑块、黑色的"帽子"及其白色边缘勾勒出双色的桃色脸庞，其中精致的鼻孔和粉蓝色的眼睑十分显眼。长长的白色尾部周围有一个三角形斑块，而雄性在三角形斑块上方还有一些白色斑点。

狨和狷

皇狷

毛狨

倭狨

金狮面狨

这些小型灵长类动物以水果、花朵和昆虫为食，并且利用牙齿从树皮上刮取树汁和树脂。

它们通常生活在由亲属组成的小型家庭群体中，共同照顾后代。通常群体中一次只有一只雌性产仔，而整个群体会共同参与育儿工作。通常一胎会产下两个幼崽。

狨和狷没有指甲，而是以爪子作为代替，此外，它们也没有对生的拇指。

社交梳理

在动物世界中，梳毛行为是一种重要的社交活动。通过梳毛，个体之间能够传递信息、建立紧密的联系、维持社会秩序，并清除身上的寄生虫。

蜜蜂之间相互清理花粉和灰尘。

在马科动物中，例如斑马，通过轻轻啃咬伙伴的颈部和肩膀来清洁并梳理毛发。

狮子通过相互磨蹭头部和舔舐来维系群体内的关系。

狐猴和其他原猴类①拥有特殊的梳毛爪，这使得它们能够轻松梳理浓密的毛发。

日本猕猴和许多其他灵长类动物一样，更倾向于为与其有亲属关系的个体梳理毛发。

①原猴是灵长类中较为原始的一个类群，分布在非洲、南亚和东南亚，包括狐猴、惺猴和丛猴等。

伶猴互相将尾巴
缠绕在一起，以此加
强彼此之间的关系。

鳍足类动物

在繁殖季节，大多数鳍足类动物（包括海豹、海狮、海狗和海象等）都会集结成大群。

北海狮

北海狮通过喷鼻息、发出嘶嘶声、打嗝、咆哮，以及发出咔哒声的方式在陆地和水下交流。

加州海狮

加州海狮喜欢聚集在北美洲和中美洲西海岸的栖息地或繁殖地中。

海狗

海狗拥有小巧的耳朵。此外，海狗的后鳍肢可以向前翻转，这使得它们能在陆地上自由移动，与海豹有所不同。

海象

海象是一种大型的鳍足类动物，雄性海象的体重可达1.5吨，体长可达3米，而雌性的体型约为雄性的一半。无论雌雄，它们都拥有一对醒目的海象牙，这对外露的犬齿，最长可达90厘米。此外，它们还长有浓密的胡须。

海象利用它们的长牙在冰面上凿出呼吸孔，这样可以帮助它们轻松地离开被冰覆盖的水面。雄性海象还会用这对长牙来保卫领地和争取繁殖的机会。在觅食时，它们可以依靠敏感的胡须在海底寻找如虾、蟹、软体动物和其他海洋生物。

象海豹

象海豹体重可以达到3吨，它们的体型和重量远远超过北极熊。

威德尔海豹

威德尔海豹在南极洲的冰层下猎食，它们会把气泡吹入冰层顶部，通过这种方式吓跑那些藏在冰层缝隙中的鱼类。

缟獴

- 生活在非洲东部、东南部和中南部的热带稀树草原和疏林中，主要以昆虫为食
- 通常会形成混合性别的群体，最多时有40只，但更常见的是20只左右
- 当遇到捕食者时，整个群体会聚集在一起，让它们看起来像一个巨大的动物，以此来迷惑和防御敌人
- 年轻的缟獴会跟随一只无亲缘关系的成年缟獴，学习觅食的技巧

细尾獴

- 生活在非洲南部干燥开阔的草原地区，主要以昆虫为食
- 通常它们以10~15只为一群生活在一起，并由不同的家族群组成
- 它们是高度社会化的动物，会使用至少70种不同的声音来进行交流，包括低语、咆哮和防御性的警报叫声等

在觅食和玩耍的时候，会有专门的哨兵负责警戒，保护整个群体的安全。

火烈鸟的身体构造

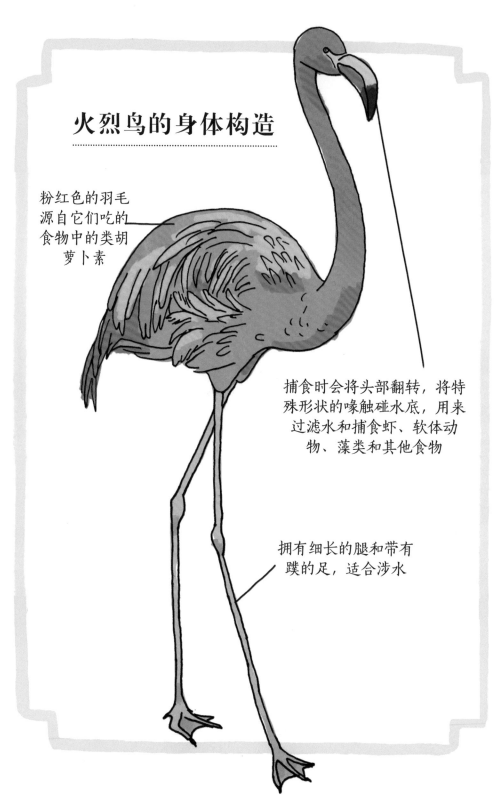

粉红色的羽毛
源自它们吃的
食物中的类胡
萝卜素

捕食时会将头部翻转，将特
殊形状的喙触碰水底，用来
过滤水和捕食虾、软体动
物、藻类和其他食物

拥有细长的腿和带有
蹼的足，适合涉水

华丽的火烈鸟

全球范围内有6种火烈鸟，主要生活在南美洲和非洲。火烈鸟常常聚集在一起，形成庞大的群体。火烈鸟的雏鸟出生时羽毛是白色的，喙部呈直线状，随着成长，它们的喙会逐渐弯曲。

裸鼹形鼠

　　蚂蚁和蜜蜂是大家熟知的"真社会性"生物，它们的社会结构以群体利益为中心。在蚂蚁和蜜蜂的社会中，有一个负责繁衍后代的繁殖个体，即蚁后或蜂后。其他成员则承担着各种专门的任务，如照顾幼虫、采集食物或防御外敌等。

　　裸鼹形鼠是一种非常特殊的哺乳动物，它们和达马拉兰鼹鼠是已知仅有的两种具有类似高度发达社会结构的哺乳动物。

鼠后

裸鼹形鼠拥有哺乳动物中最强大的繁殖能力，它们平均一窝可以产下12只幼崽，最多则可达30只幼崽。

挖掘工　　　　　　　　　　　　　　　　　清扫工

　　负责挖洞的鼹鼠们以团队的形式工作，挖出的泥土以流水线的
形式被运回地面。

　　挖掘工鼹鼠用它们不断生长
的长牙进行挖掘，它们的嘴唇紧
闭在牙齿后面，以防止泥土进入
口腔。

　　它们以植物的块茎和其他地下
部分为食，并且几乎不饮水。

　　尽管个头小，但鼹鼠
的寿命却非常长，在圈养
条件下能活30年。

蝙蝠

　　翼手目动物，也就是我们常说的蝙蝠，是哺乳动物中数量仅次于啮齿类的第二大类群。全球范围内大约有1400种蝙蝠，它们通过捕食害虫、为植物授粉及传播种子，对维持生态平衡起到了至关重要的作用。

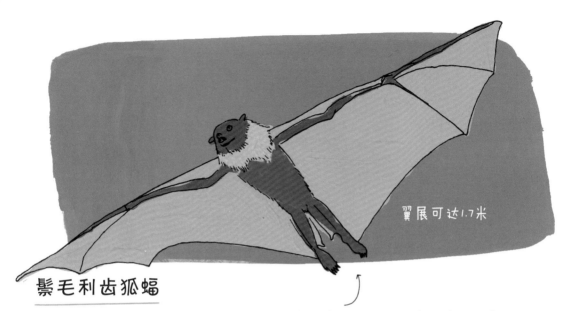

翼展可达1.7米

鬃毛利齿狐蝠

鬃毛利齿狐蝠分布于马来西亚和菲律宾，是狐蝠中体型最大的种类之一。它们与同种的数百到数千只个体共同在栖息地中生活。

翼展约16厘米

凹脸蝠

凹脸蝠分布于泰国西部和缅甸，是世界上体型最小的哺乳动物。它们没有尾巴，但耳朵大得出奇。除了个头小，凹脸蝠的群体规模也很小，最大的群体也不超过100只。

灰蓬毛蝠

翼展近40厘米

灰蓬毛蝠广泛分布在北美洲，是少数几种独居的蝙蝠物种。白天，灰蓬毛蝠会用一只脚挂在树枝上，利用尾膜将自己巧妙地伪装成一片干枯的树叶。在冬季，它们会迁徙到温暖的地区。

犬类

鬃狼

鬃狼是南美洲最大的犬科动物，也是鬃狼属中唯一的成员。其独特的尿液气味与臭鼬的气味如出一辙。

豺

豺也被称为亚洲野犬。它们体型较大，彼此间可通过各种声音来交流。

埃塞俄比亚狼

它们是专门捕猎啮齿动物的猎手，同时也是世界上最稀有的犬科动物，现存的个体数量不足500只。

非洲野犬是高度社会化的犬科动物，以群体为单位进行捕猎和养育后代。此外，它们通过各种身体姿势和声音交流，其中鼻息声是一种独特的交流方式。不同于其他社会性物种，雄性非洲野犬会留在出生时的群体中，而雌性则会离开寻找新的群体加入。

非洲野犬

狐 狸

耳廓狐

耳廓狐作为狐狸家族中体型最小的成员，其耳朵长度可以占到整个身长的1/3。

北极狐

北极狐拥有厚厚的皮毛、浓密的足部长毛和圆短的耳朵，这些特点可以帮助它们适应零摄氏度以下的严寒环境。

孟加拉狐

　　这种体型瘦长的狐狸仅分布于印度次大陆，以各种昆虫、小型啮齿动物和鸟类以及植物为食。

阿富汗狐

　　阿富汗狐非常善于在岩石地形上攀爬和跳跃，它们弯曲的爪子可用于攀附，而宽厚的大尾巴则让它们时刻保持着平衡。

草原狐

　　草原狐体型小巧，一度濒临灭绝，但近年来其数量在北美大平原地区和加拿大东南部有所恢复。

第五章

构筑巢穴

动物房东

北美黑啄木鸟是生态系统中的关键物种，以一夫一妻制的方式生活。它们会在枯树上挖掘出大型巢穴，并且很少重复使用同一个巢穴。这种习性不仅为它们自己提供了安全的栖息地，还为包括大棕蝙蝠、环尾猫和北方飞松鼠在内的至少20种物种提供了重要的生存空间。

许多动物都利用洞穴作为它们的庇护所。

初级掘洞者：这些动物亲自挖掘洞穴并将其作为巢穴。

次级改造者：这些动物会接管被废弃的洞穴，并对其进行改变或改进，以使洞穴更适合自己的生存需求。

占用者：这些动物仅使用现成的洞穴，而并不进行任何开拓或修饰。

佛州穴龟是一个很好的初级掘洞者。尽管体重仅6千克左右，但它们凭借强健的四肢和锐利的爪子，能够挖掘出长达12米、深达3米的隧道。这些洞穴不仅为佛州穴龟提供了安全的栖息地，还为包括猫头鹰、郊狼、青蛙和老鼠在内的数百种动物提供了躲避捕食者、抵御炎热和火灾的庇护所。

佛州穴龟的巢穴

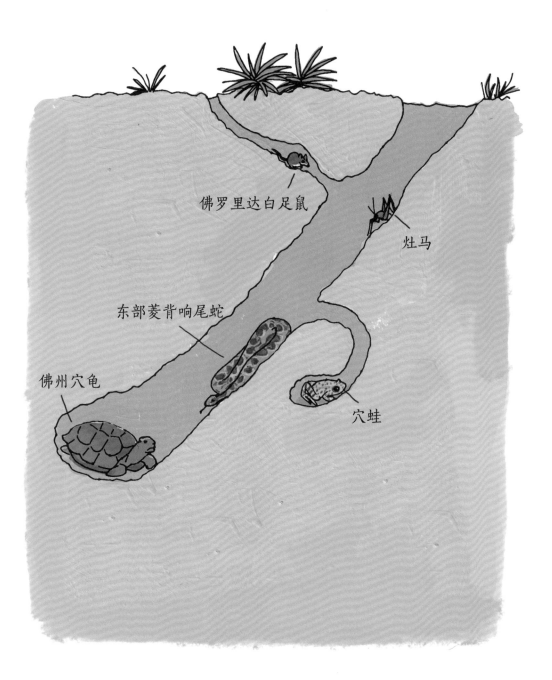

佛罗里达白足鼠

灶马

东部菱背响尾蛇

佛州穴龟

穴蛙

欧亚獾

相较于美洲獾，欧亚獾更倾向于群居生活，它们居住在被称为"獾穴"的延伸多室洞穴中。多个家族可能会共同占据一个大型獾穴，每个家族都有各自的筑巢和睡眠区域，这些区域通过隧道相互连接。

一个经过几代獾共同挖掘和维护的獾穴会拥有多个出口，其覆盖面积可达数百平方米。

通气洞
睡巢
紧急
逃生口
糞洞
干燥室
睡巢
（直径
约30厘米）
警戒室
食物储藏洞
育儿巢
睡巢

被遗弃的洞穴和巢穴，无论其形状和大小，都为无数种动物提供了栖息之地。例如，草原犬鼠的洞穴可能被蛇、穴居猫头鹰，甚至是稀有的黑足鼬所占据，它们也将草原犬鼠视为"房东"。

土豚的巢穴

土豚的洞穴同样被包括鬣狗、疣猪、松鼠、刺猬、獴、蝙蝠、鸟类和爬行动物等在内的多种动物所利用。

147

昆虫的建筑

胡蜂

胡蜂可将木头和植物纤维咀嚼成浆，待其硬化后，以塑造复杂的多室防水巢穴。

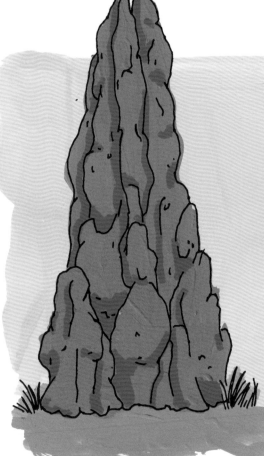

象白蚁

象白蚁在澳大利亚的西北地区，它们建造的巢穴可以高达4米，并在地下延伸数千平方米。

编织蚁

编织蚁们会在一片叶子上排成排，并抓住附近的一片叶子，将两片树叶对齐在一起。工蚁会利用幼虫吐的丝，将两片叶子的边缘连接，以扩大它们的巢穴。一个巨大的编织蚁群落可以覆盖整个树冠。

美东幕枯叶蛾

美东幕枯叶蛾在早春孵化。为了抵御寒冷，多达300只的幼虫会聚集在一起，利用它们吐出的丝线编织出巨大的网状"帐篷"。

石蛾幼虫

石蛾幼虫会构建一个保护管，以植物、蜗牛壳和其他材料作为外壳，并由丝线固定在一起。它们会带着这个"房子"到处移动，直至进入化蛹阶段。

蜘蛛网

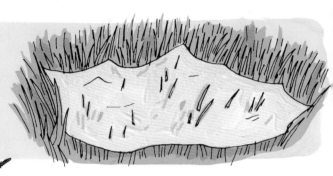

皿蛛

皿蛛常常在地面上或近地面，以紧密编织的非黏性丝网捕捉猎物。

毒疣蛛

毒疣蛛的网由两部分组成：一部分网延伸到其洞穴内，此处是其隐蔽、进食和产卵的区域；另一部分平铺在洞口之外，用于捕捉猎物。

毛络新妇

毛络新妇会编织一张黄色的大网，可捕捉蜜蜂及其他昆虫。

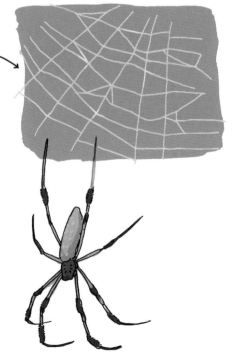

雌性毛络新妇仅身体部分长度就可以达到4厘米。

棘腹蛛

棘腹蛛虽然体型很小但样子却十分独特。它们用丝束装点自己的网，就像我们用不同的标志提醒别人注意安全一样。这样做可能是为了向鸟类发出视觉警告，避免鸟类误入其中，同时也能保护自己的家。

螲蟷

螲蟷（dié dāng）用它们特殊的口器挖掘洞穴。它们用丝制的、外观常与环境融为一体的可翻转门封住入口。它们生性胆怯，藏在洞穴中等待伏击通过的猎物，通过震动来感知猎物的到来。

姬蛛

姬蛛会精心编织出凌乱的、具备空间结构的网。

151

筑巢的鸟

群居的织布鸟

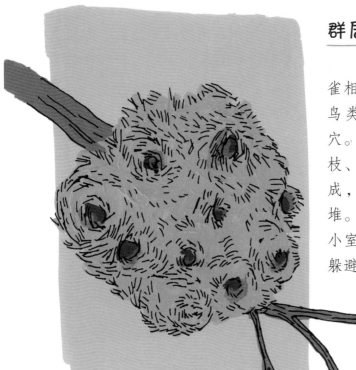

虽然织布鸟的体型和麻雀相当，但它们却能编织出鸟类王国中最大的群居巢穴。这些庞大的建筑，由树枝、稻草和草等材料编织而成，外形酷似巨大的干草堆。巢穴内部有许多独立的小室，可供织布鸟类取暖或躲避酷热。

织布鸟的巢穴可以容纳多达100对繁殖的鸟类，甚至还包括它们的多代子孙。当一次孵化的织布鸟幼崽长大后，它们可以继续帮助父母抚养下一批兄弟姐妹，从而提高了整个群体的生存机会。

群居生活的织布鸟分布在非洲的喀拉哈里沙漠南部地区。

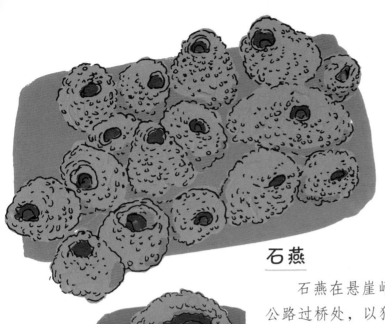

石燕

石燕在悬崖峭壁、桥梁或高速公路过桥处，以独立的泥巢构建出壮观的繁殖群落。配对后的石燕既可能选择修葺旧居以备来年，也可能选择建造新巢。

锤头鹳

锤头鹳会建造所有鸟类中最大的圆顶巢穴。建造这个巢穴将用时两个月，耗费约一万根枝条，内部还以泥巴精心铺陈，最终建成的巢穴重量可达25千克。巢穴仅有一个入口，锤头鹳可由此直接飞入巢穴。

153

北长尾山雀

　　北长尾山雀的巢穴由超过6000片苔藓、蜘蛛卵囊、地衣和羽毛精心构建而成。雌雄双方细心编织这些材料，形成顶部带有小开口的灵活网状袋。巢穴外部覆盖着地衣，以实现完美的伪装，而内部的空腔则用羽毛填充，以确保鸟儿的温暖舒适。

吉拉啄木鸟

　　吉拉啄木鸟通常在仙人掌中挖洞筑巢。

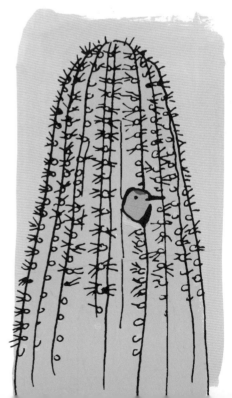

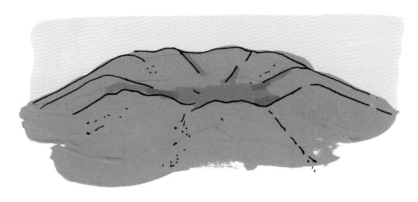

眼斑冢雉

雄性眼斑冢雉在沙土中挖出一个坑洞，然后填满有机物。在接下来几个月的时间里，它们会持续翻动这些物质，使其发酵并产生热量。雌性眼斑冢雉会在雄性准备好的温暖产卵地产下3~30枚卵，并用沙子覆盖，保证卵的孵化。

雌雄眼斑冢雉通过不断地移除和替换沙子，来确保最佳的孵化温度。破壳后的眼斑冢雉雏鸟需要推开覆盖在蛋壳上的沙子，才能最终完成孵化。

穴居的鸟

沙燕

　　沙燕选择在悬崖或垂直河岸的沙质土壤中构建庞大的巢穴群落。雄性会利用喙、脚和翅膀，挖出一个大约60厘米长的洞穴，里面是宽敞的巢室。雌性则用草、树叶和根须制成平坦的巢垫，来装点巢室。

北极海鹦

　　北极海鹦大部分时间都生活在海洋中，但在繁殖季节，它们会飞临岛屿聚集。作为终生一夫一妻制的鸟类，北极海鹦每年都会回到它们用喙和爪挖掘出的巢穴。为了喂养雏鸟，父母双方每天都会在海上长途飞行，以捕获新鲜的鱼类。

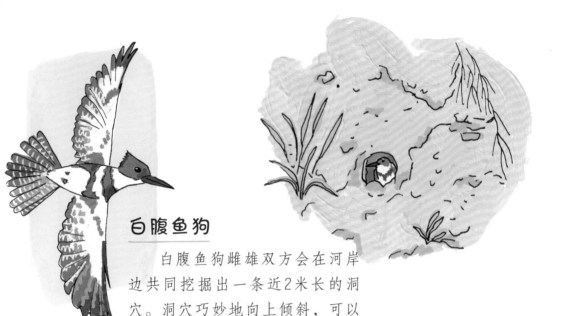

白腹鱼狗

白腹鱼狗雌雄双方会在河岸边共同挖掘出一条近2米长的洞穴。洞穴巧妙地向上倾斜，可以确保巢穴免受雨水聚集的侵扰。

园丁鸟

....

雄性园丁鸟精心地建造并装饰着"求偶亭"，以吸引心仪的配偶。不同种类的园丁鸟在材料和颜色选择上展现出独特的偏好。为了增加吸引力，有些园丁鸟甚至会用浆果汁为求偶亭上色，使其更加亮丽夺目！一旦雌鸟选中合适的雄鸟，便会独自承担起筑巢和抚养雏鸟的责任，而雄鸟则不会提供任何帮助。

大自然的工程师

　　河狸会砍倒树木来建造水坝，形成池塘。它们还可能挖掘运河，以形成水流，使原木能更便捷地来到它们的"建筑工地"。这些被聚集起的水形成了一道坚固的护城河，不仅为河狸的巢穴提供了保护，还成为了一个

麝鼠

巧妙的储存设施，用于储存河狸在冬季水下储藏的食物。

　　河狸的池塘对周围生态系统产生很大的影响，也为众多其他物种提供了理想的栖息地。河狸一家通常会在一个水坝上持续工作多年，根据需要对其进行修复，以保持其池塘的最佳水位。

　　与河狸不同，麝鼠的筑巢方式有明显差异，河狸善于用树枝和木棍筑坝，而麝鼠则使用芦苇和其他沼泽植物来构建巢穴。不过，两者在某些方面也有相似之处——都会巧妙地利用泥巴来加固和隔热自己的巢穴。尽管麝鼠和河狸在生态位上有重叠，但从亲缘关系的角度看，麝鼠与仓鼠的关系更为密切。

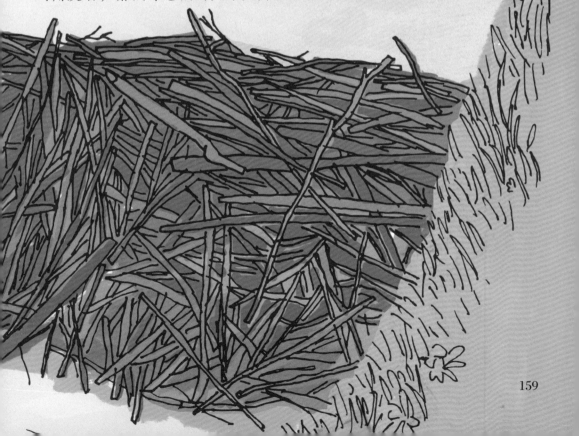

制作"家具"

黑猩猩的巢

　　黑猩猩、大猩猩和红毛猩猩不建造房屋，而是搭建舒适的床铺，白天用于小憩，夜晚则作为安眠之所。这些巢穴每天都会重新搭建，并不重复使用。

　　年幼的类人猿们在学会如何建造结实的床铺之前，会与母亲一同生活长达3年。

大猩猩会在地面上堆放树叶和柔软的树枝，作为白天休息的地方。

一些被大猩猩用于筑巢的植物

黍　　　　　　蕨　　　　　　刺蒴麻

162

第六章

那些怪诞而奇妙的动物

令人惊叹的章鱼

世界上大约有300种章鱼，体型各异，从小巧的邬氏蛸（仅2.5厘米长）到巨大的北太平洋巨型章鱼（长达4.3米）皆有。

拟态章鱼

拟态章鱼在伪装方面尤为出色，能够模仿多种动物的外形，如棘刺狮子鱼、舌鳎和条纹海蛇等。

章鱼的智商非常高，它们能够打开瓶盖、穿越迷宫，甚至使用工具。

水孔蛸

　　水孔蛸有着动物界中最为极端的两性异形：雌性的体长可以达到近2米，而雄性仅约2.5厘米。此外，雌性水孔蛸也被称为"毯子章鱼"，这源于它们独特的身体结构。在成年的雌性中，有几对腕间有一层肌肉膜相连，使它们在游泳时看起来像飘动的披风。

边蛸

　　边蛸为极少数使用工具的头足类动物，会收集椰壳来隐藏自己，有时甚至会在移动时携带一个椰壳。

椰壳

蓝环章鱼

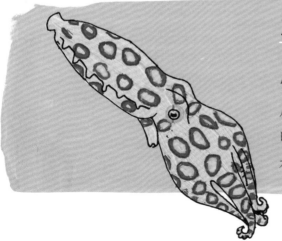

　　蓝环章鱼鲜艳的色彩常常起到威慑捕食者的作用，它们是海洋中最致命的生物之一，其毒液毒性是氰化物的1000倍。

一些巨型鸟类

头上具有角质的骨盔，可以用来击打草丛，帮助它们在草地觅食。

南方鹤鸵

- 与鸵鸟、鸸鹋、美洲鸵鸟以及几维鸟的亲缘关系较近
- 高1.5~1.8米，雌性的体重是雄性的近两倍
- 强健的腿部和如匕首般的脚趾，具备出色的搏斗能力

大鸨

- 最重的飞鸟，体重可达15~18千克
- 生活在欧洲和俄罗斯的广袤草原上
- 杂食性，通常不怎么鸣叫

大鸨是典型的草原鸟类，由于没有可以对握的爪，它们无法停留在树枝上，几乎所有的时间都在地面上度过。

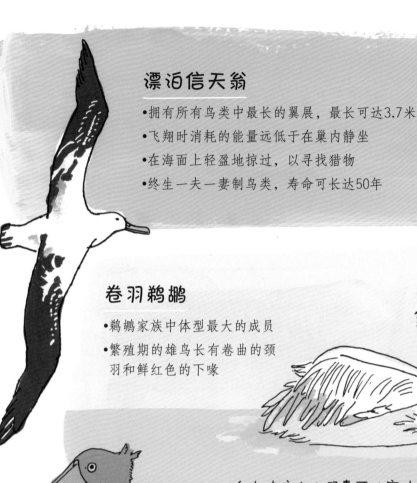

漂泊信天翁

• 拥有所有鸟类中最长的翼展，最长可达3.7米
• 飞翔时消耗的能量远低于在巢内静坐
• 在海面上轻盈地掠过，以寻找猎物
• 终生一夫一妻制鸟类，寿命可长达50年

卷羽鹈鹕

• 鹈鹕家族中体型最大的成员
• 繁殖期的雄鸟长有卷曲的颈羽和鲜红色的下喙

自由伸缩的大喉囊可以容纳约12升水！

鲸头鹳

• 体型可高达1.4米，翼展可达2.4米
• 也被称为靴嘴鹳
• 鱼食性，主要以肺鱼、鲶鱼为食，有时甚至捕食幼鳄

鸭嘴兽

鸭嘴兽和针鼹是仅存的两类单孔类哺乳动物，即卵生哺乳动物。鸭嘴兽的卵在短短10天后就可孵化，随后雌性将继续哺育幼崽长达4个月。在觅食时，鸭嘴兽会利用扁平的嘴巴在水下同时舀起食物和砾石，这些砾石在食物被吞咽之前起到磨碎作用，有助于其更顺畅地消化昆虫、贝类及蚯蚓等食物。

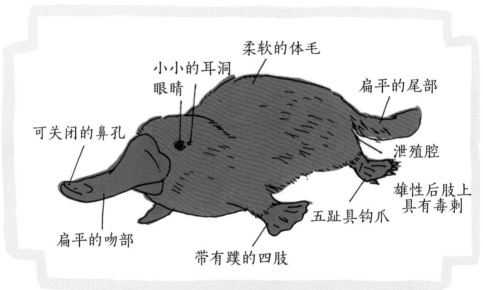

柔软的体毛

小小的耳洞
眼睛

扁平的尾部

可关闭的鼻孔

泄殖腔

雄性后肢上
具有毒刺

扁平的吻部

五趾具钩爪

带有蹼的四肢

在水中，鸭嘴兽的泳姿灵活自如，但在陆地上，它们的步伐却显得笨拙和不适。

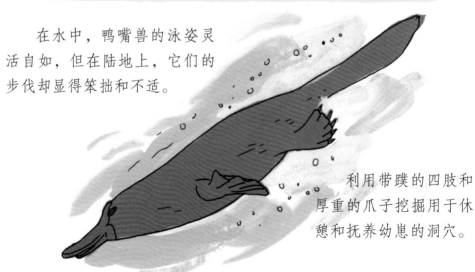

利用带蹼的四肢和厚重的爪子挖掘用于休憩和抚养幼崽的洞穴。

星鼻鼹

星鼻鼹是唯一一种生活在沼泽地和湿地的鼹鼠。星鼻鼹鼻孔附近的22根鼻须上密布有超过10万根神经纤维，赋予其超凡的感知能力。通过其高度敏感的鼻子，从而精确地定位猎物。

在捕猎时，星鼻鼹每秒可触碰多个地方，并同时在脑海中构建附近猎物的图像（类似识读盲文）。它们也是目前发现的吃东西最快的哺乳动物，可以在1/4秒内吃掉一条虫子。

星鼻鼹还是出色的泳者，它们甚至可通过呼出和吸入气泡的方式在水下嗅闻。

犰狳的身体构造

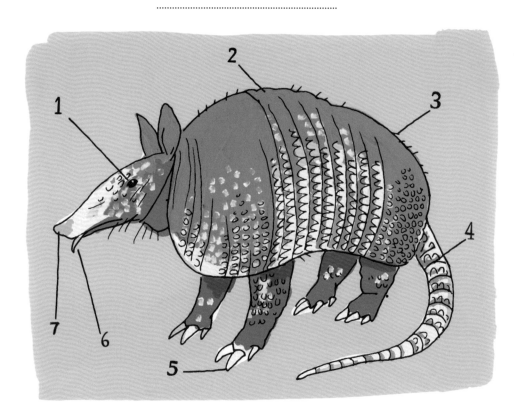

1. 眼　视力较差。
2. 鳞甲　厚厚的骨质鳞片。
3. 毛发　两侧的硬毛可以帮助感知。
4. 尾巴　长长的尾部覆盖鳞甲，可帮助保持平衡。
5. 爪子　又厚又结实的爪，便于挖掘。
6. 舌头　长长的舌头，可用于舔食蚂蚁、白蚁及其他昆虫。
7. 鼻子　嗅觉十分灵敏。

在中美洲和南美洲生活着21种犰狳，它们以多种动物为食，如昆虫、蜥蜴及蚯蚓等，但有时也会吃植物的根及一些水果。令人惊讶的是，犰狳还是游泳高手，能够在水下憋气长达6分钟。

倭犰狳

倭犰狳是一种主要生活在地下的小型穴居犰狳。它们爪子硕大，非常适合挖掘，而扁平的尾部则能在挖掘过程中帮助推送泥土。

长毛犰狳

长毛犰狳在受惊时会发出尖叫声，它也是所有犰狳中毛发最茂密的一种。

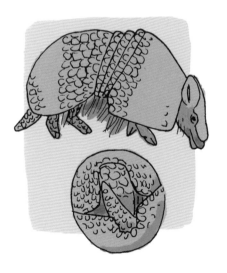

三带犰狳

三带犰狳是唯——种能够将自己卷成球状来保护自己的犰狳。其他种类的犰狳在遇到危险时通常会选择逃跑或挖洞躲避。

其他有甲的哺乳动物

穿山甲和针鼹同犰狳一样，都有保护性的盔甲。虽然它们在生物分类上并无直接关联，但都是以昆虫为主食的动物，拥有长而黏的舌头，便于舔食蚂蚁和白蚁。此外，它们强壮的爪子，可以轻易地撕裂白蚁丘和挖掘地面。同时，穿山甲和针鼹也都是游泳好手。

穿山甲

穿山甲，这种常被误认为是爬行动物的哺乳动物，最显著的特征是全身覆盖着由角蛋白构成的锋利鳞片。这些鳞片的成分与人类的指甲和动物的角类似。由于一些人相信这些鳞片具有药用价值，使得穿山甲成为了世界上被非法交易最多的动物之一。

目前已知的穿山甲共有8种，分布在亚洲和非洲地区。它们的体长从0.3米到1米不等。

当面临威胁时，穿山甲会迅速蜷缩成一个紧密的球状，将所有脆弱的部位保护在鳞片之下。

针鼹

针鼹又名刺食蚁兽，尽管它们确实以蚂蚁和其他昆虫为食，但与食蚁兽的亲缘关系并不紧密。针鼹和鸭嘴兽是仅存的两类单孔类哺乳动物，也即卵生哺乳动物。目前，现存的四种针鼹主要分布在澳大利亚和新几内亚地区。

针鼹的刺，与穿山甲的鳞片一样，都是由角蛋白构成。当受到威胁时，针鼹会蜷缩成球状或钻入地下以保护自己。

针鼹幼崽

雌性每次仅产下一枚革质的卵，并将其置于腹部皮肤褶皱形成的临时育儿袋中。当盲眼、无毛的针鼹幼崽孵化出来后，它们会紧紧抓住母亲的乳头喝奶。在这期间，幼崽会逐渐长出刺，并在约12周时离开育儿袋，待在母亲挖掘的巢穴内。雌性针鼹会继续在巢穴中哺育幼崽长达6个月。

土豚

　　有人形容土豚：爪子像獾，鼻子像猪，耳朵像兔子，体型又像袋鼠。土豚似乎集合了许多动物的特征，但它们是管齿目的唯一成员。在生物分类上，土豚与大象、象鼩等非洲兽总目的成员有较近的亲缘关系，可以说是它们的近亲。

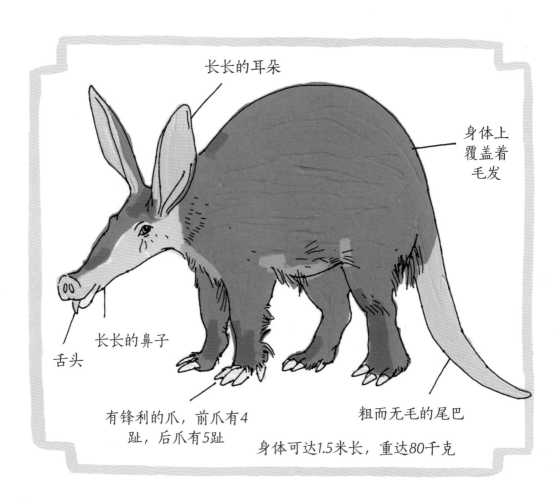

长长的耳朵

身体上覆盖着毛发

长长的鼻子

舌头

有锋利的爪，前爪有4趾，后爪有5趾

粗而无毛的尾巴

身体可达1.5米长，重达80千克

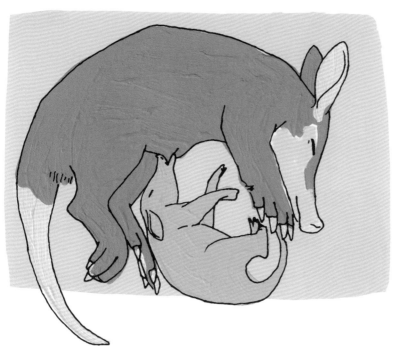

土豚的大耳朵和长鼻子是其捕猎蚂蚁和白蚁的得力工具。它们粗壮的前爪能轻易撕开蚁穴和白蚁土堆，挖出深处的洞穴。

土豚以蚂蚁、白蚁和其他昆虫作为主要食物，不过它们的食谱中还包括一种特殊的"土豚黄瓜"。这种土豚黄瓜生长在地下约1米深处，土豚会将其挖掘出来食用。有趣的是，被吃下去的土豚黄瓜种子可以借助土豚的粪便进行传播扩散。

土豚黄瓜

土豚的舌头很长，可达30厘米，并且带有黏性，非常适合捕捉昆虫。

会滑翔的哺乳动物

蝙蝠是唯一能够真正飞翔的哺乳动物，但也有其他一些哺乳动物在进化中获得了在空中滑翔的能力。其中有许多是有袋类动物。

鼯猴

鼯猴被冠以"飞狐猴"之美名，与灵长目动物亲缘关系最近。它们是典型的树栖动物，在地面上行动笨拙，攀爬也不甚灵活。

令人惊叹的是，它们拥有一张巨大的皮膜，展开时近乎方形，这使得它们能够滑翔长达70米的距离，并且滑翔时高度几乎不会降低。

鼯鼠

鼯鼠是一个多样性丰富的类群，全球范围内约有50个种类。它们的体长（含尾巴）差异显著，从15厘米到1.25米不等。

大袋鼯

    大袋鼯拥有一条长长的可以卷曲的尾巴，它们和树袋熊一样以桉树叶为食。

蜜袋鼯

    蜜袋鼯是群居性动物，生活在以家族为单位的小群体中，而且雄性也会参与照顾幼崽。

树顶袋貂

    树顶袋貂是最小的滑翔哺乳动物，因其长羽毛状的尾巴而得名。

黑白配色的动物们

在众多黑白配色的动物中，大熊猫、斑马、企鹅和臭鼬等是最为人所知的。黑白色调为这些动物提供了多种优势。例如，臭鼬醒目的黑白色调能威慑潜在的掠食者。斑马的黑白条纹有助于驱赶叮咬的昆虫。此外，一些动物利用黑白色调融入环境，实现更好的伪装。接下来，我们将介绍一些不那么为人所知的黑白动物。

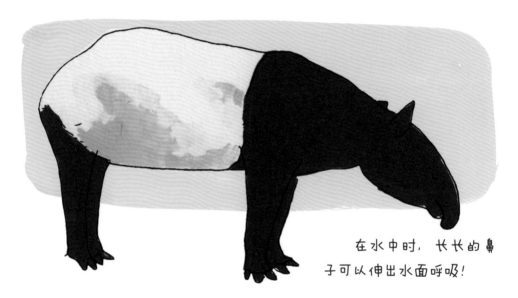

在水中时，长长的鼻子可以伸出水面呼吸！

马来貘

马来貘的成年个体全身黑色，唯有耳尖处和臀部呈现白色，仿佛披上了一件独特的白色披风。与之形成鲜明对比的是，刚出生的马来貘的幼崽身着斑点和条纹的"睡衣"，这为其提供了出色的伪装效果。

领狐猴

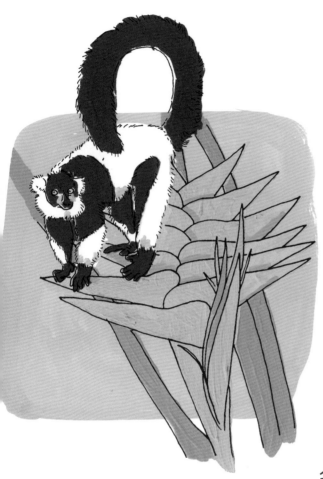

领狐猴是马达加斯加的特有物种，以小家庭群体为单位生活在森林的树冠层，主要以水果为食。领狐猴可以帮助旅人蕉授粉，因此被认为是世界上体型最大的传粉动物。

与其他授粉生物不同，领狐猴能够打开花朵直接摄取花蜜。在摄取花蜜的过程中，花粉会自然地黏附在领狐猴的口鼻和皮毛上，然后被带到另一朵花上进行传粉。

袋獾

袋獾是世界上最大的肉食性有袋类动物，以尖锐的犬齿和强大的咬合力而闻名。它们通常独自生活和狩猎，但更偏爱于觅食腐肉。当多只袋獾聚集在动物尸体周围时，它们会发出刺耳的声音，这种声音在数千米外也能清晰听到。

极乐鸟

幡羽极乐鸟

极乐鸟科包含40多种鸟类，以其雄性鲜艳的羽毛而闻名。尤其是那些从喙、翅膀及头部延伸出的修长且精致的羽毛。为了吸引配偶，雄性极乐鸟会进行精心设计的求偶仪式。

绶带长尾风鸟

极乐鸟主要以水果为食，有些种类也会食用昆虫及其幼虫。大多数极乐鸟分布在巴布亚新几内亚地区。

威氏极乐鸟

丽色极乐鸟

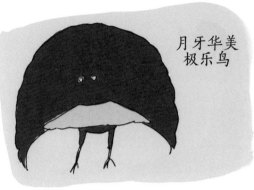

月牙华美
极乐鸟

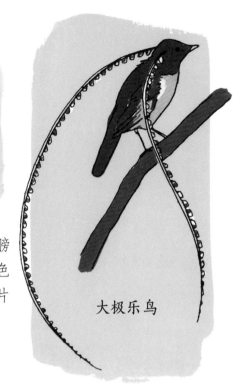

大极乐鸟

雄性月牙华美极乐鸟竖起翅膀和尾羽，张成一张半椭圆形的黑色"幕布"，衬托着头顶的蓝色羽片和胸前的蓝色胸盾。

萨克森
极乐鸟

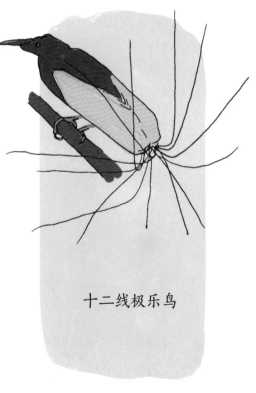

十二线极乐鸟

水豚

　　水豚是地球上最大的啮齿类动物，样貌和豚鼠相似，但体型却如小猪般大小。水豚足部具蹼，善于游泳，体毛粗而稀疏。

　　水豚幼崽非常早熟，出生几小时内就能自主行动。一周大的幼崽便开始尝试食用草和水生植物，但一般在16周前仍需吸吮母乳。

食蚁兽

全球现存的四种食蚁兽都分布在中美洲和南美洲。其中，大食蚁兽是体型最大的一种，整个身体包括尾巴的长度可以达到2米。大食蚁兽采用指节着地的方式行走，以避免长爪与地面接触而磨损。

食蚁兽虽然没有牙齿，但它们的舌头上附有黏液且密布着数千个小钩，能够迅速捕捉猎物。为了防止被猎物咬伤，食蚁兽每分钟能快速伸出舌头高达150次，一次能吸食数百只蚂蚁，并迅速吞下。同时，摄入的小石子和沙子可帮助其消化。

变色龙

变色龙展现出了许多独特的本领，例如它们的左右眼可以独立移动。变色龙还可以随意改变体色，以此来调节体温，或与其他变色龙进行无声的交流。在捕猎时，它们能以6米/秒的速度弹出黏黏的舌头，该舌头的伸展长度甚至可以达到其体长的两倍。

杰克逊变色龙

雄性杰克逊变色龙有三只角——一只位于鼻子上，另外两只位于眼睛上方。

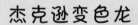

帕尔森氏变色龙

帕尔森氏变色龙是世界上体型最大的变色龙，体长可达68厘米。

高冠变色龙

高冠变色龙雄性及雌性个体头上均具有随着年纪逐渐增大的头冠，最高可达5厘米。

勒氏变色龙

勒氏变色龙是马达加斯加的特有种，其孵化时间为7~9个月，破卵后的寿命仅有4~5个月。

地毯变色龙

地毯变色龙雌性比雄性更重，颜色也较雄性更为鲜艳多变。它们每年可以产下三批卵。

豹变色龙

豹变色龙的颜色和图案因地理位置而异，可以呈现鲜艳的蓝色、绿色、红色或橙色。通常雄性的颜色会比雌性更鲜艳夺目。

中国大鲵

最长可达1.8米

15～20厘米

虎纹钝口螈

中国大鲵栖息在中国多岩石的河流和山间溪流中，是世界上最大的两栖类动物。它们不仅是珍贵的养殖动物，更是珍稀的"活化石"。大鲵可以通过皮肤呼吸，依靠身体两侧的侧线系统来检测猎物的细微移动。作为顶级掠食者，它们的食物种类繁多，包括鱼类、蛙类、贝类、昆虫，甚至是更小的其他有尾目动物。

雌性在繁殖季节会选择安全的地方，产下400～500颗卵供雄性受精。雄性会精心守护这些卵，直至它们孵化。一旦孵化，幼鲵便需要开始独立地生活。

当受到威胁时，它们会从皮肤中产生出黏稠的白色分泌物，以驱赶捕食者。

墨西哥钝口螈

墨西哥钝口螈的英文名"Axolotl"源自墨西哥土著语言纳瓦特尔语，意为"水狗"。

墨西哥钝口螈，这种迷人又神秘的动物，完全打破了有尾目动物的常规。成年后，它们仍保持着幼态的特征，如具蹼的爪子、大的尾鳍和无法活动的眼睑。尽管它们已经发育出基本的肺部，但它们仍然在水中生活，通过羽毛状的外鳃进行呼吸。

墨西哥钝口螈是一种珍稀生物，仅栖息于墨西哥城附近的两个湖泊和数条运河之中。它们在野外较为少见，但由于其独特的再生能力，它们在实验室中得到了广泛的研究。它们可以在短短几周内完全再生身体的任何部位，包括四肢、肺部，甚至是部分的大脑。

紫蛙

　　紫蛙也被称为猪鼻蛙，这种稀有的动物仅分布在印度的几个地区。其野生状态仍是一个未知数，但与许多两栖动物一样，因受栖息地的退化和丧失以及人类对它们蝌蚪的捕捞食用等影响，紫蛙被列为了濒危物种。

　　紫蛙是穴居物种，成蛙一生中大部分时间都在地下生活，主要以地底的白蚁为食。它们会在雨季期间钻出地面进行交配和产卵。幼蛙喜欢在流动的水中生活，并利用特殊的口器攀附在长满藻类的岩石上。

其他多彩的蛙类

迷彩箭毒蛙

钟角蛙

红眼树蛙

大足短头蛙

泽氏斑蟾

番茄蛙

白氏树蛙

弗氏玻璃蛙

蛇 类

眼镜王蛇

当受到威胁时，眼镜王蛇会抬起身体的前三分之一部分，并展开其颈部，使自己看起来更为庞大。同时，它们还会展示其毒牙，并发出深沉的嘶嘶声。这种嘶嘶声比其他蛇类的声音更为低沉，更像是一种咆哮。

绿树蟒

绿树蟒蜿蜒盘绕在树枝上，轻轻摆动其灵活的尾巴尖端，巧妙地吸引并伏击猎物。一旦锁定目标，它们会迅速出击，利用尾巴紧紧缠绕在树枝上作为支撑。

天堂金花蛇

天堂金花蛇是一种树栖蛇类，展现了非凡的滑翔能力：它们能将身体巧妙地拉伸成扁平状，并利用独特的空中波动技能在树枝间滑翔，最远可达10米。

巴西虹蚺

巴西虹蚺因其鲜艳的虹彩色皮肤而得名，它们的性成熟与年龄无关，而是取决于长度，达到一定长度后才成熟。

蓝灰扁尾海蛇

蓝灰扁尾海蛇是一种有毒的海蛇，善于在海洋中捕猎鳗鱼，并能在海中停留30分钟，但它们仍需回到陆地消化食物和饮用淡水。

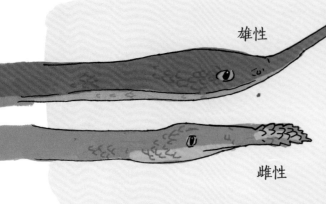

雄性

雌性

马达加斯加叶鼻蛇

　　马达加斯加叶鼻蛇，以其独特的鼻型和树栖性生活方式著称，同时还是具有性二态性的物种，即雄性和雌性在外观上存在着明显的差异。

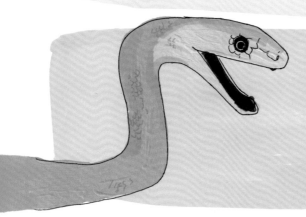

黑曼巴蛇

　　黑曼巴蛇是一种剧毒蛇类，其皮肤呈橄榄绿或灰色。它们的名字灵感来源于受到威胁时张大的乌黑口腔。

箭鼻水蛇

　　箭鼻水蛇这种小型水生蛇类采用伏击的方式捕捉鱼类等猎物，它们约90%的时间都保持静止状态，以耐心等待猎物游入攻击范围。箭鼻水蛇鼻子上的两个触须具有机械感觉功能，使它们能在浑浊的水中精准定位猎物。

许氏棕榈蝮

　　许氏棕榈蝮是一种有毒的捕食者，其眼上方有凸起的鳞片。其体色丰富多变，包括红色、黄色、棕色、绿色，甚至粉红色等，丰富的色彩有助于它们在各种环境中进行伪装。

毒蛇头部的构造

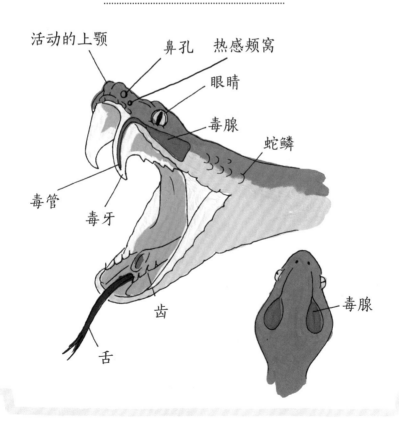

活动的上颚　　鼻孔　热感颊窝

眼睛

毒腺

蛇鳞

毒管

毒牙

齿

舌

毒腺

大熊猫和小熊猫

大熊猫

大熊猫因其黑白皮毛和独特的黑眼圈而广为人知，但科学家对于这种双色皮毛的具体作用仍有些困惑。这似乎不太可能是伪装作用，因为大熊猫并没有需要躲避的天敌，它们也没有必要悄悄接近猎物。

这些大多习惯独居的动物每天花费大量时间寻找它们最为主要的食物来源——竹子。它们会坐着进食，用特化的腕骨（伪拇指）抓住竹茎，然后用强有力的颌骨和牙齿咀嚼竹子。

小熊猫

　　尽管小熊猫和大熊猫生活在相同的环境中，并且都以竹子为主食，但它们之间并没有太近的亲缘关系。小熊猫曾经和浣熊被归为一类，但现在已被划分为单独的小熊猫科。

　　小熊猫是树栖动物，其浓密的皮毛与树干上的红色苔藓和白色地衣融为一体，可能起到了伪装的作用。它们拥有粗壮的尾巴，长度大约是身体的一半，这有助于保持平衡和进行沟通。毛茸茸的脚垫则有助于它们抓住湿润或结冰的树枝。

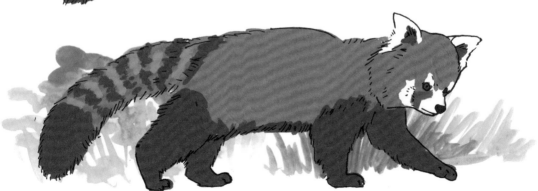

三趾树懒

树 懒

　　树懒是一种行动缓慢的动物，主要以树叶为食，但这种食谱的营养价值不高。为了节省能量，它们每天需要睡15～18小时。树懒的生活习性与树袋熊相似，但两者并没有太近的亲缘关系。实际上，树懒与食蚁兽和犰狳的亲缘关系更近，它们同属于贫齿总目。

　　树懒虽被分为二趾树懒或三趾树懒两类，但这仅是它们前肢上的差异，所有树懒的后肢都有三趾。树懒的爪子长度可达8～10厘米，这使得它们能够紧紧地抓住树枝。甚至在一些树懒死后，它们的尸体还会继续挂在树枝上。

霍氏树懒

树懒小知识

····································

• 几乎所有的行为都倒挂着进行，包括生育
• 它们的毛发从腹部向上生长到背部，有助于排出水分
• 树懒的粗毛夹缝中长有与之共生的绿藻，可为它们提供很好的保护色
• 肌肉含量较少，因此无法通过战栗来产生热量保持体温
• 它们每周只排泄和排遗一次

致 谢

感谢所有给我写信的孩子和大人！正是你们的鼓励和支持，让我有动力能够再写这样一本书，因为这真的需要很长的时间！

感谢丽莎·黑利（Lisa Hiley），她提供了许多引人入胜的动物趣闻和详尽的研究资料。

感谢德博拉·巴尔穆斯（Deborah Balmuth）、艺术指导阿莱西亚·莫里森（Alethea Morrison）和阿利·蒙西（Alee Moncy）以及斯托里出版社全体员工，与你们合作是一大乐事。

感谢玛拉·格伦鲍姆（Mara Grunbaum）对内容的审校。

感谢凯西·罗南（Casey Roonan）在绘画和扫描方面的帮助，还有你美妙的歌声为创作带来的愉悦氛围。

感谢我的家人和朋友给予我巨大的支持。

感谢所有致力于保护地球上令人惊叹的野生生物的人们，特别是我姐姐。

与姐姐进行视频通话，旁边还有一只狒狒！

推荐语

之于动物解剖，或许有人会觉得残忍；然而，此书之"解剖"，则是之于各类野生动物的深入"解释"与"剖析"。读此书，不仅让我们了解到动物的形态、生态、行为，更可详知它们的内部结构以及对应的功能。吴昊吴博士深耕科普领域数载，文字驾驭能力出众，其译文信达雅且科学严谨、精益求精，实为佳作！是为荐。

——张劲硕（研究馆员、研究员，国家动物博物馆馆长）

《野生动物解剖笔记》以细腻的笔触捕捉了各类野生动物的独特身体结构，以及那些精妙绝伦的"解剖学"奥秘，这些"奥秘"帮助它们在纷繁多样的生态环境中巧妙适应、和谐共存。书中栩栩如生的配图与译者的严谨文字相得益彰，引领读者沉浸于一个既赏心悦目又充满智慧的动物世界。

——邹征廷（中国科学院动物研究所研究员）

这是一部将演化逻辑巧妙融入解剖学知识的精彩科普作品。从不同动物器官在功能上的趋同，到巢穴形态的各异，再到动物行为学的有趣对比，本书带领读者从多个维度探索当今地球上动物的潜在奥秘。

——钮科程（英良石材自然历史博物馆执行馆长）

朱莉娅·罗斯曼是一位广受欢迎的插画家和作家，继《海洋解剖笔记》之后，她在《野生动物解剖笔记》中再次为我们带来了一系列引人入胜的野生动物百科知识。这些科普知识不仅吸引眼球，而且内容丰富，足以激发各个年龄段和不同教育背景读者的好奇心。

——美国《图书馆杂志》（Library Journal）

图书在版编目（CIP）数据

野生动物解剖笔记 /（美）朱莉娅·罗斯曼著 ；吴昊昊译. -- 长沙 ： 湖南科学技术出版社，2024.9
ISBN 978-7-5710-2906-7

Ⅰ．①野… Ⅱ．①朱… ②吴… Ⅲ．①野生动物－普及读物 Ⅳ．①Q95-49

中国国家版本馆 CIP 数据核字 (2024) 第 098338 号

WILDLIFE ANATOMY

著作权合同登记号：18-2024-224

YESHENG DONGWU JIEPOU BIJI

野生动物解剖笔记

著　　者：[美] 朱莉娅·罗斯曼
译　　者：吴昊昊
出 版 人：潘晓山
责任编辑：刘羽洁　邹　莉
出版发行：湖南科学技术出版社
社　　址：长沙市芙蓉中路一段 416 号泊富国际金融中心
网　　址：http://www.hnstp.com
湖南科学技术出版社天猫旗舰店网址：
　　　　　http://hnkjcbs.tmall.com
邮购联系：0731-84375808
印　　刷：湖南省众鑫印务有限公司
　　　　　（印装质量问题请直接与本厂联系）
厂　　址：湖南省长沙市长沙县榔梨街道梨江大道 20 号
邮　　编：410100
版　　次：2024 年 9 月第 1 版
印　　次：2024 年 9 月第 1 次印刷
开　　本：710mm×1000mm　1/16
印　　张：12.75
字　　数：159 千字
书　　号：ISBN 978-7-5710-2906-7
定　　价：79.00 元
（版权所有·翻印必究）